JN322806

HAPPY BUNCHO BOOK

幸せな文鳥の育て方

THE CHARM

飼い主さんに聞きました!

文鳥の魅力って?

しぐさがかわいい!

眠くなると、とろけるような“もち”姿になるところがたまりません。(フジコさん)／羽毛をふくらませたり、シュッと細くなったり。想像以上に形を変化させるのがおもしろい。(マリ江さん)

ぬいぐるみ?

SHIGUSA

おもち。

まん丸の物体。

首をかしげて見上げる姿には誰もがイチコロです。

キラキラした目や、上目づかいで見つめられると、たまりません。（マサキチ！さん）／正面顔でちょっと小首をかしげている姿がかわいくて大好き。（Happyさん）

ICHIKORO
ねえねえ。

好き？

一生懸命水浴びするしぐさが好き。

水浴び器の中にダイブするように入る子もいれば、子どもが初めてプールに入るときのように恐る恐る片足ずつ入る子がいたりと、毎度ほほえましい。（tyobimamaさん）

きれい好き！
MIZUABI
FERRETS

ビショぬれ…。

人にとっても なつく。

呼ぶと急いで飛んで来てくれたり、手の上でまったりしてくれたり、帰宅したら一斉に鳴いてくれたりするのがうれしい。（マサキチ！さん）／共通して人が好きです。クールな子、わがままな子、ビビリの子などいろいろな性格の子がいますが、手乗り、荒鳥関係なく好いてくれます。（tyobimamaさん）

NATSUKU

ICHIZU

奥ゆかしい。

飼い主が家事で忙しくしていると、カゴの中で静かにじぃーっと待っていてくれます。ちらりとカゴに目をやると、飼い主をずーっと目で追っているので、パッと目が合います。健気で奥ゆかしいところがかわいい。（fortunae3さん）

私に一途（笑）。

私が立ち上がると「どこ行くの～」といって慌ててついてきたり、私がほかの部屋から戻ると「どこ行ってたの～」といって向かって飛んでくるところがかわいい♡（Happyさん）

オスからの熱烈アプローチ。

私とパートナーになったオスの文鳥は、毎日欠かさず求愛ソングと踊りを披露してくれます。釣った魚にエサを与え続けてくれるのは文鳥ならでは？（フジコさん）

メスは、エスコート待ちをするお姫さまっぽいところがかわいい。

メスは、人間のほうから積極的に行かないと、自分からはなかなか来てくれなかったりしますが、奥ゆかしさというか、清純さがある気が。（マサキチ！さん）

KAWAII

気が強いところもかわいい。

おこりんぼで気が強いのに、甘えん坊さん。（Happyさん）／「こうしてほしい！」「かまって〜！」と猛アピールしてくる。人間は下僕となって何でもいうことを聞いてしまうのです。（オハさん）

ああして！
こうして！

CONTENTS

●part1 文鳥ってどんな鳥？

●part2 文鳥を選ぼう

●part3 必要なグッズを揃えよう

●part4 ヒナを育てよう

●part5 成鳥の快適な暮らし方

●part6 文鳥とのコミュニケーション

●part7 文鳥の健康と病気

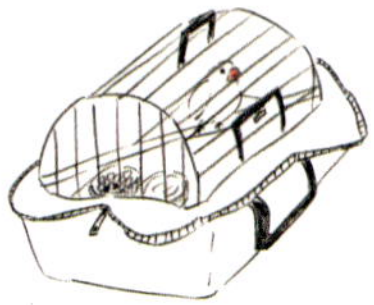

LITTLE BREAK

part 1

文鳥って
どんな鳥？

以前からかわいいなあと思っているけれど、どんな鳥なのかは意外と知らない。
そんな人が多いのではないでしょうか。まずは、文鳥の体や心について
知るところから始めましょう。知れば知るほど、トリコになるはず！

体のつくり

スズメに似たコンパクトなボディ

熱帯インドネシア生まれのスズメの仲間

文鳥の英名は「Java Sparrow」。ジャワ島（Java）のスズメという意味です。その名の通り、文鳥はインドネシアのジャワ島やバリ島が原産地のスズメ目の小鳥です。

スズメ目の鳥は「フィンチ」と呼ばれ、インコやオウムとは大きく分類が異なります。クチバシや脚の指の形に注目すれば違いがよくわかります。

オス・メスで体格に大きな違いはなく、体色も共通しています。そのため、ヒナのうちは性別はわかりません。体は比較的丈夫で、飼いやすい鳥といえます。

そのう

のどの辺りにある、食べたものを一時的に貯めておく場所。羽毛が生えていないヒナのうちはよくわかります。

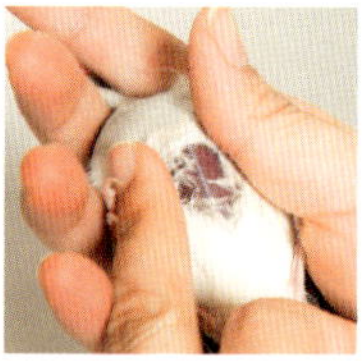

羽毛

ツヤと光沢のある羽毛。おなかなどには生えていません。シックな色合いが特徴で、新しく作出されたカラーも。

カラーについては⇒34ページ

尾脂腺《びしせん》

背中側の尾のつけ根に脂を分泌する場所があります。羽づくろいのとき、クチバシでこの脂を全身に広げます。

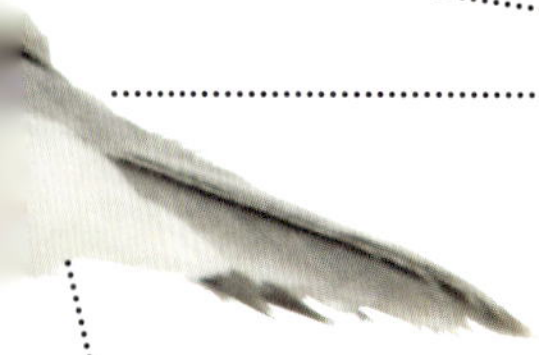

総排泄孔《そうはいせつこう》

おしりの穴のこと。排泄器官と生殖器官が含まれています。

体の特徴

アイリング

赤いアイリングがぐるりと目の周りを囲っています。血色がそのまま表れる部分。眼瞼輪（がんけんりん）ともいいます。

耳

ふだんは羽毛に隠れて見えませんが、白い頬のように見える部分には耳の穴が開いています。

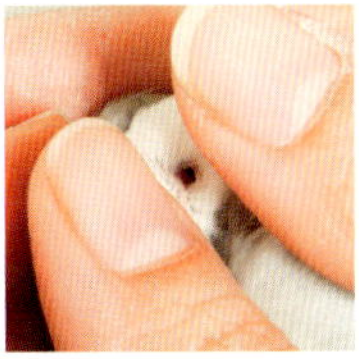

鼻

クチバシ上部の小さな穴が鼻です。

クチバシ

血色がそのまま表れる場所で、赤い色をしています。種子などの皮をむいて食べるのに適した形をしています。

脚

脚にも血色がそのまま表れます。指は３本が前に、１本が後ろに向いた「三前趾足（さんぜんしそく）」。木の枝にとまるにも、地上を歩くにも都合がよい形です。

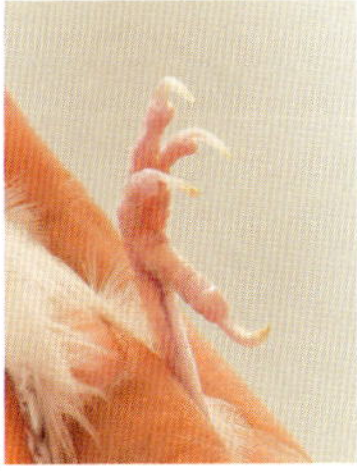

赤いクチバシと
シックなカラーが
素敵でしょ

体長　13～15㎝
体重　25～30g

文鳥の五感

優れた視覚と聴覚

【視覚】

視力はとても優れています。優れた視力があるからこそ飛びながら障害物を瞬時によけたり、小さなエサを見つけたりすることができるのです。色も見分けられ、人には見えない紫外線も見えているという説があります。

【聴覚】

人よりも聴こえる範囲（周波数）は狭いのですが、些細な違いを聴き分ける能力は人より優れているといわれます。特に聴いた音を正確に記憶する能力は高く、オスがさえずりを学ぶのに役立っています。

【嗅《きゅう》覚《かく》】

一部を除いて、鳥類の嗅覚はあまり発達していません。ただ、文鳥は魚のにおいが好きだとか、人の汗のにおいは嫌いという話はあります。

【味覚】

味を感じる味蕾《みらい》の数が少なく、味覚はあまり発達していません。しかし、混合シードの中で好きなシードだけを食べるなど、味の選り好みはします。

【触覚】

クチバシや脚の触覚が優れており、クチバシを使って器用に羽づくろいをしたり、脚で止まり木の状態を確かめたりします。羽毛をなでられたときは、羽毛を通して皮膚に伝わります。

Memo

ピカソを見分け、バッハを聴き分ける!?

文鳥の優れた視覚や聴覚は、人間の芸術をも見分けられるようです。慶應義塾大学の渡辺茂教授の研究によると、文鳥はモネのような「印象派」の絵画と、ピカソのような「キュビズム」の絵画を見分けることができるそうです。また、音楽ではバッハとシェーンベルクを聴き分けることができるとか。しかも、印象派よりキュビズムを、シェーンベルクよりもバッハを好むというから驚きですね！

文鳥の暮らし

文鳥の一生を知ろう

START

卵で産まれる

一度に産まれる卵は平均6個。交尾をしてから約3日後に産まれます。オス・メスが協力しあって卵を温めます。

約18日で孵《ふ》化《か》

温められた卵は約18日で孵化します。孵化したてのヒナは目も開いていません。

羽毛が生えて、だんだん鳥らしく

親鳥からエサをもらいながら成長していきます。羽毛が生えそろうのは3週齢頃。

生後半年で成鳥になり、10年以上生きることも

　鳥類の多くがそうであるように、文鳥もあっという間におとなになります。生まれたてのヒナは親鳥がいないと何もできませんが、生後30日頃にはもう飛べるようになり、ひとりでエサも食べられるようになるのです。

　ヒナの時代に人に馴らすことで、人好きの文鳥になります。特に生後4週から11週頃の「幼鳥期」に人が優しく接することが大切です。

　寿命は7～8年ほどですが、健康な文鳥は10年以上生きることも少なくありません。長い時間をともに過ごせるコンパニオンバードなのです。

生後30日ほどで飛べるように

生後30日くらいでもう飛ぶようになります。まだ成鳥とは違う色をしています。

生後3か月で若鳥に

成鳥羽に生えかわり、見た目はほぼ成鳥と変わらなくなります。若鳥と呼ばれる時期です。

生後半年で成鳥に

生後半年で性成熟し、繁殖が可能になります。なわばり意識が強くなるので、基本的に１羽ずつのケージで暮らします。

成長とともにどんどん賢く

年を取るにつれ人とのコミュニケーションが上手になり、飼い鳥としてのおもしろさが増します。

GOAL

7歳を過ぎたら老鳥

一般的な寿命は７～８年。なかには19年生きた文鳥も！　個体によって老化の表れ方は異なります。

Column

オスのほうが長生き

平均すると、文鳥はオスのほうが長生きです。なぜなら、メスは卵詰まりなどの生殖器の病気にかかりやすいから。必要のない発情を抑えるのがメスの長生きの秘訣です。

※写真は１羽の文鳥ではありません

文鳥の一年を知ろう

繁殖期、換羽期《かんうき》、通常期のサイクルをくり返す

文鳥の一年は大きく「繁殖期」「換羽期」「通常期」の３つに分けられます。個体によって多少のばらつきはありますが、秋から春にかけてが繁殖期になります。文鳥は日照時間が短くなると発情するのです。

繁殖期が終わると同時に、換羽期に入ります。ちょうど女性の生理のように、生殖に備えていた体がそれをやめ、新しく体を再生するのです。一年に一度の換羽期は約１か月続き、この間は疲労が激しくなります。

換羽期が終わると通常期。ピカピカの体で精神的にも安定した時期です。

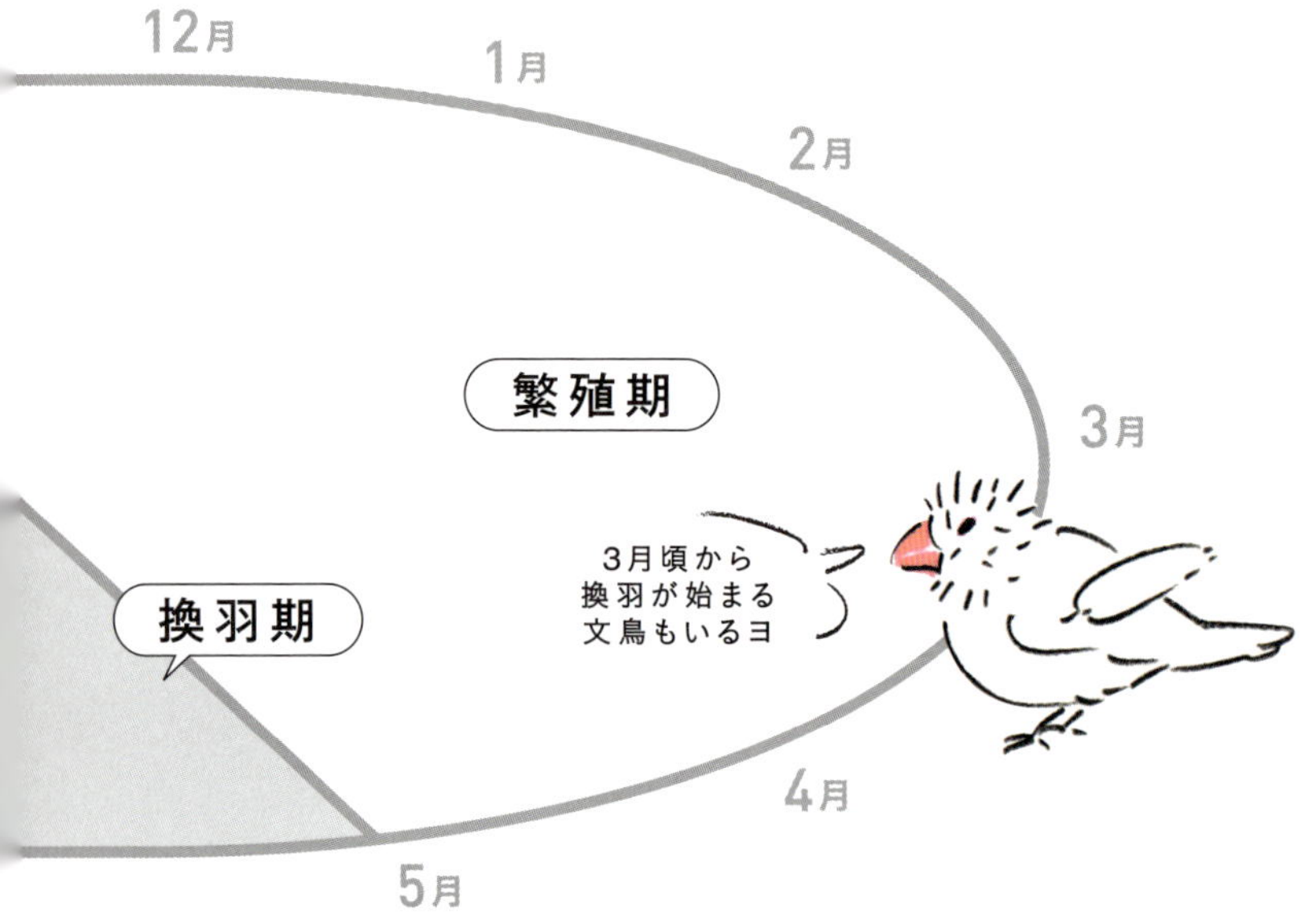
12月
1月
2月
3月
4月
5月
繁殖期
換羽期
3月頃から
換羽が始まる
文鳥もいるヨ

繁殖期　ソワソワ

ソワソワと落ち着かない季節

秋から春にかけての繁殖期には、オスもメスも落ち着きがなくなります。仲のよいペアは繁殖行動を始めますが、ペアでなくても巣作りの真似ごとをしたり、飼い主に妙に甘えてみたり、逆にいらだって気が荒くなるといった行動が目立ちます。

Check!
この時期の行動

- □気が荒くなる
- □巣作りの真似
- □飼い主に甘える
- □無精卵を産む

オスの巣作りのようす。ティッシュペーパーをつぼ巣に入れています。

Column

メスの健康のためには なるべく卵を産ませない

発情期に入ると、ペア相手のいないメスでも卵を産むことがあります。無精卵なので孵化（ふか）しませんが、産卵自体が体の負担に。卵詰まりなどを起こすと命の危険もあるため、なるべく発情させない工夫が必要です。 ⇒123ページ

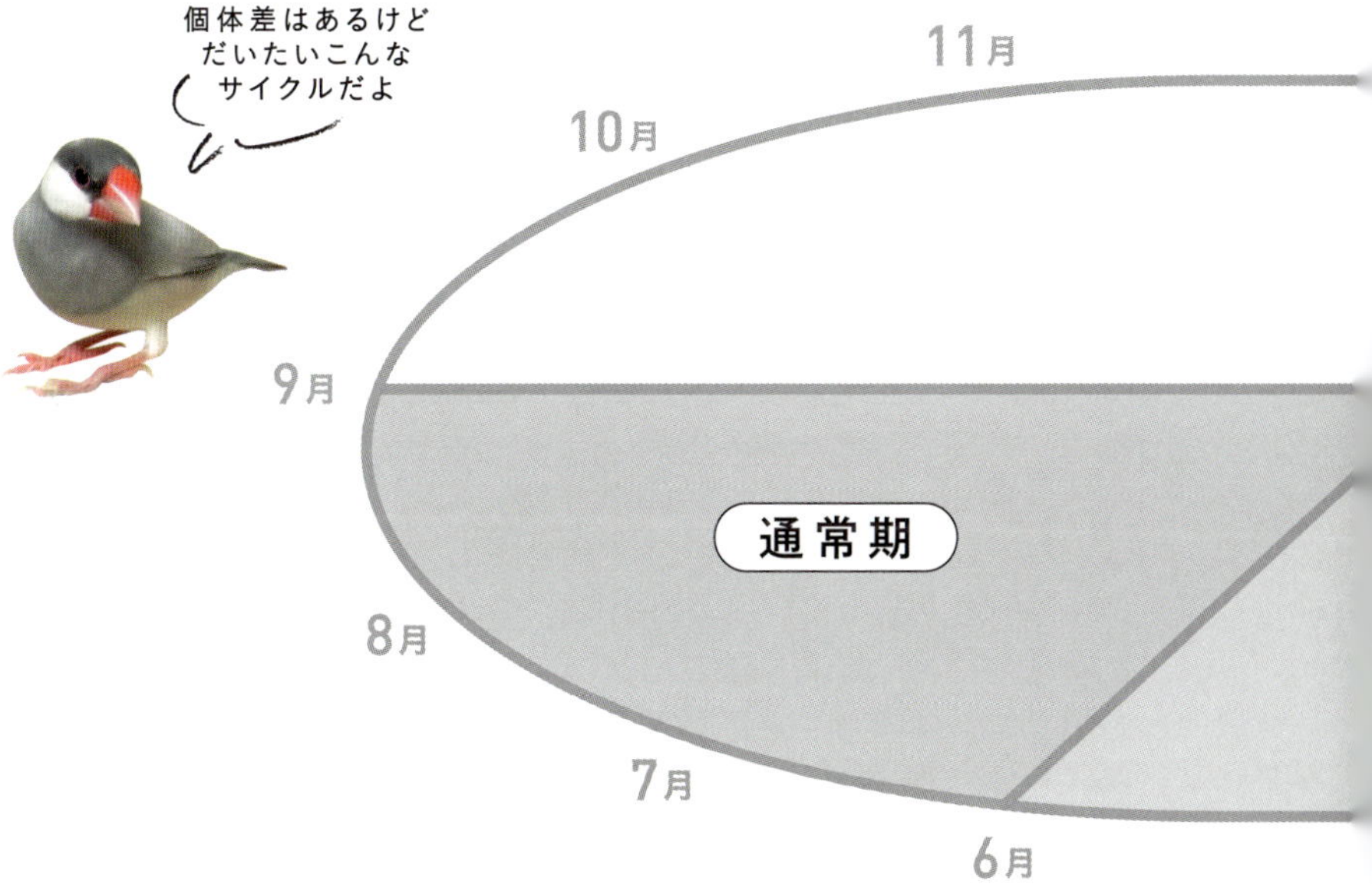
個体差はあるけど
だいたいこんな
サイクルだよ
11月
10月
9月
通常期
8月
7月
6月

換羽期 イライラ

一年に一度の衣替え

古い羽毛が抜け落ち、新しい羽毛に生えかわります。全身の羽毛を再生させるために多くのエネルギーを消費し、疲れて具合の悪くなる文鳥や、イライラして攻撃的になる文鳥もいます。優しく見守る心がまえが必要です。

換羽中の文鳥。最初に羽軸（うじく）というチクチクしたものが生えてきて、その後羽軸がはじけて中の羽毛が広がります。

文鳥の一日の過ごし方

なるべく太陽とともに生活をさせてあげよう

文鳥は昼行性《ちゅうこうせい》の鳥です。太陽とともに目覚め、日が沈むとともに眠るのが本来の生活。原産地のインドネシアでは毎朝6時頃に目覚め、夜は18時頃には眠りに入ります。飼い鳥の場合もなるべく近い生活をさせてあげましょう。

規則正しい生活をさせてあげることは、文鳥の健康のためだけでなく精神的にもよいことです。文鳥には体内時計がありますから、一日のタイムスケジュールを覚えます。「もうすぐ放鳥の時間」「もうすぐゴハンの時間」などと覚えることで、落ち着いてケージで待っていることができます。

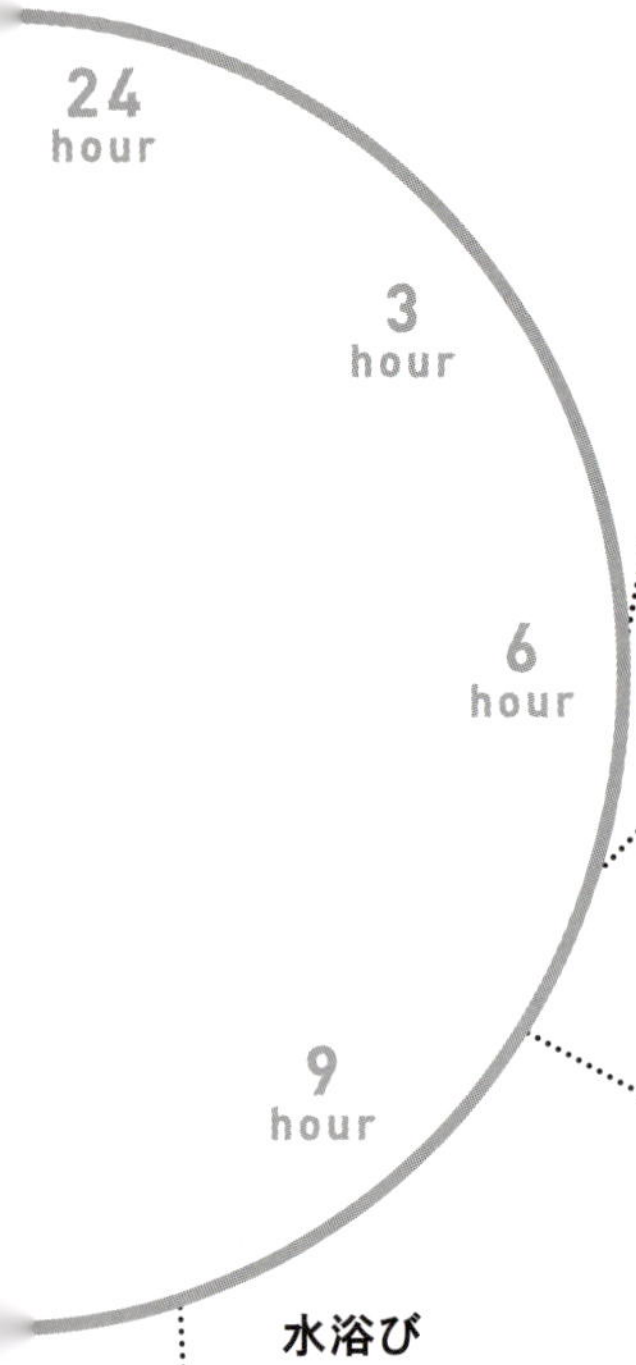
24 hour
3 hour
6 hour
9 hour

目覚め

朝は6時半頃には目覚めます。ケージにかけている布を取るまではおとなしくしている文鳥が多いですが、遅くとも8時までには布を取り、朝日を浴びさせましょう。

食事と水

翼や脚を伸ばしてストレッチしたら、朝ごはん。野生では1時間くらいかけてエサをついばみます。好きなだけ食べたら水を飲みます。

羽づくろい

満腹になったら、念入りに羽づくろい。全身をくまなくお手入れします。羽毛をきれいに保つために欠かせない行為です。

水浴び

気温がだんだん上がってきたら、水浴びに適した時間。水浴び器を常設していれば、バシャバシャと水浴びを始めます。

Check!
お世話の責任者は一人がおすすめ

家族のなかでお世話の分担がきちんと決まっていないと、気づいたら数日エサを取り換えていなかった……などということが起こりがち。一人が責任をもってお世話するか、家族できちんと連携しましょう。

就寝

野生なら18時頃が就寝時間ですが、飼い主さんとの触れ合いも欠かせないため、遅めになるのはしかたのないこと。しかし遅くとも21時頃にはケージに布をかけ、文鳥を寝かせましょう。

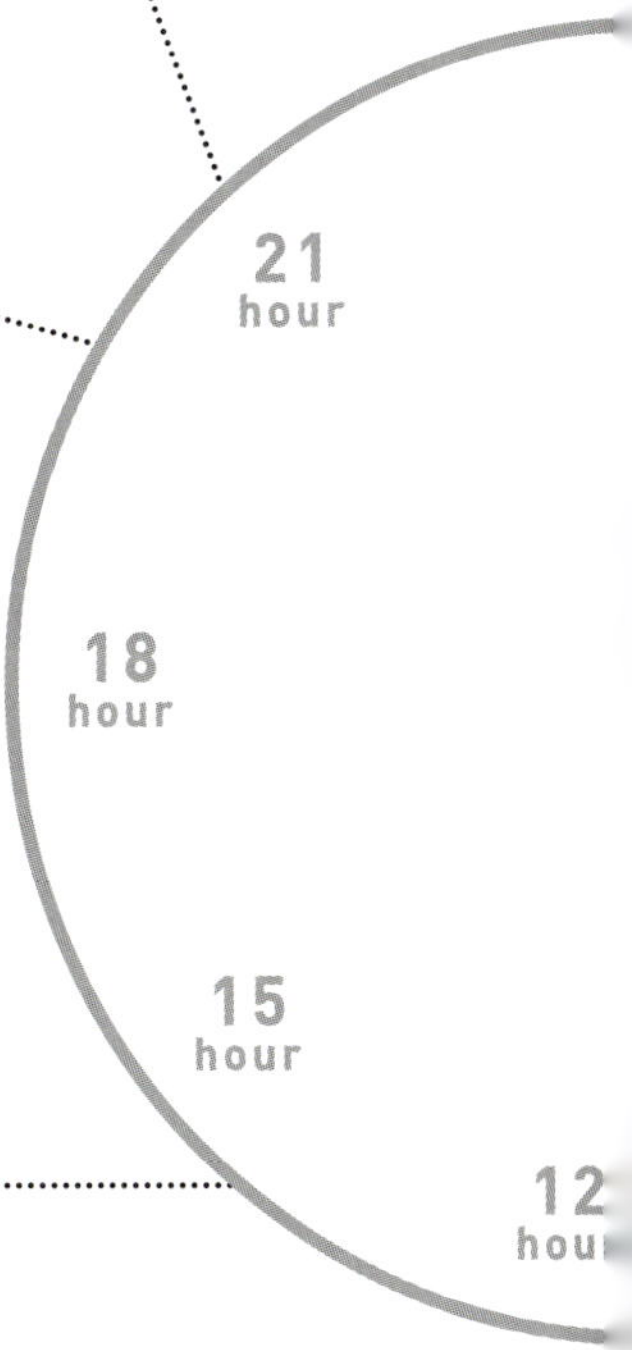
21
hour
18
hour
15
hour
12

飼い主さんとの触れ合いタイム

日中外出している飼い主さんの場合、帰宅してからが文鳥との触れ合いタイム。文鳥をケージの外に出し、部屋の中で自由に遊ばせます。放鳥は文鳥に欠かせない運動の時間です。

お昼寝や食事、羽づくろいなど

日中は昼寝をしたり、エサをついばんだり、オスは求愛ソングを練習したり、のんびりと過ごします。可能ならこの時間帯に野菜を与えると◎。

ペットの文鳥の
一般的な
過ごし方だよ

文鳥の気持ちを知ろう

基本の性格

決まったパートナーと添い遂げる、愛情深い鳥

文鳥のペアの愛情深さは、人間以上かもしれません。いつも一緒にいて、互いに羽づくろいしあい、終始愛を伝えあっています。これは、文鳥の子育てに理由があります。文鳥はメスが卵を産んだあと、オス・メスが協力しあって卵を温め、ヒナにエサを与えます。どちらか一方が欠けるともう一方に大きな負担がかかり、子育てがうまくいきません。夫婦が一致団結して子育てをすることが、文鳥には欠かせないのです。

たまに浮気(?)もあるようですが、基本的にはパートナーとは一生一緒。どちらかが亡くなるまでその関係は変わりません。ペアの相手が死んでしまうと気力をなくし、あとを追うように亡くなってしまう文鳥もいるといいますから、その愛の深さは想像以上です。

文鳥が人に馴れるのも、この愛情深さゆえ。あなたをパートナーと決めた文鳥は、一生涯、あなたを心の底から愛してくれるのです。

オスどうしでペアのように仲のよい文鳥も。1羽よりも2羽でいるほうが立場的に強くなるため、このような疑似ペアができるといわれます。

好き嫌いが激しく、気が強い

とはいえ、「文鳥どうしだから仲よくなれる」と思うのは大間違い。文鳥は好き嫌いが激しい鳥なのです。なわばり意識も強く、気の合わない文鳥と同じケージで同居するなんてとんでもありません。多頭飼いをしたとしても仲よくなれるかどうかは相性次第で、特に成鳥のオスどうしはケンカになることもしばしば。仲よくなれなかったら、別々のケージでずっと飼い続けるしかありません。

また、文鳥は自分よりはるかに大きい人間に対しても威嚇しますが、そんな行動からしても気の強さは明白。勝ち気な文鳥と仲よくなるには、威嚇されても突っつかれても決して怒らず、優しく接することが大切です。おおらかに接しているうちに文鳥は「この人、自分のことが好きなのかな?」と、だんだん心を開いていきます。

LIKE AND DISLIKE
Rue 15

愛情深いからこそやきもちもやきます

好きな相手は独占したいのが文鳥。パートナーに近づく奴は許せません。威嚇しながら突っつくなどの攻撃をしかけます。人間をパートナーと決めた文鳥の場合、その人の恋人や伴侶にやきもちをやいて攻撃することも。あなたの恋人にやたら攻撃をしかける文鳥は、あなたをほかの人に取られまいと必死なのです。

アタシのことだけ見てて!

鳴き声

チッ!ピッ!

文鳥のベーシックな「地鳴き」。さまざまなシーンで使います

鳥の鳴き声には「地鳴き」「さえずり」「警戒鳴き」の3種類がありますが、そのうちの「地鳴き（CALL）」と呼ばれるものです。クチバシを閉じ気味に短く一音で鳴きます。仲間の存在を確認したり、相手を呼んだり、ひとり言のように鳴くことも。

チ〜ヨチ〜ヨ
フィ〜ヨフィ〜ヨ♡

メスに愛を伝えるオスのラブソング

「さえずり（SONG）」と呼ばれるもので、オス特有の鳴き方です。好きな相手に向けて歌ったり、なわばりを主張したいときにも歌います。10秒ほどのメロディーには個性もあり、どうやらヒナ時代に聴いた歌（多くは父親の歌）を覚えるよう。

Memo

オスの求愛ソングができるまで

オスは生後1か月頃からさえずりの練習（ぐぜり）を始めます。最初のうちはきれいなメロディーでは歌えず、生後半年ほどできれいに歌えるようになりますが、メロディーが完成するのには1年以上かかるといわれます。

時々、メスもぐぜりのように鳴くことがありますが、オスのようにきれいなフレーズでは歌えません。

オス（右）がメス（左）に求愛中。リズミカルに求愛ダンスをしながら歌います。

きゅーきゅー

寂しいときに出す　のどを絞るような声

パートナーに向かって、寂しい、甘えたい、一緒にいたいというような意味で鳴く声です。オスの文鳥が夜中や薄暗い場所でこういう鳴き方をすることが多く、飼い主さんに向かって鳴くことも。求愛ソングと同様に愛情表現のひとつでしょう。

ポポ　ポポ　ピピ　ピピ

再会の喜びを分かちあう　鳴き交わし

ペアのオス・メスが少し時間を置いて再会したとき、それぞれが連続した鳴き声を出します。高さの違う2つの音が混ざるので「ポピポピポピ」と聴こえます。「また会えてうれしい」「また仲よくしてね」という意味の鳴き交わしです。

きゃるきゃる　きゃるきゃる

文鳥の威嚇の声。「警戒鳴き（BEEP）」の一種

相手に向かってクチバシを大きく開け、首を突き出し、何かを転がすような「きゃるきゃる」という連続音を出します。鳴きながら頭を左右に振るさまは「おうおう、やるのか？」といっているよう。相手が引き下がらないと、ケンカに突入します。

ゲゲッ

ふいに驚いたときに出る大きな鳴き声

驚いたり、危険を感じたりしたときに出る警戒の声で、「ゲゲッ！」「ゲロゲッ！」と短く太い声で鳴きます。この声を聴いたほかの仲間は背を低くして硬直し、何が起こったかを探ります。仲間に異常を知らせる警告音の役割もあるのです。

キャンキャン

メスがオスを呼ぶ大きくかん高い鳴き方

メスの発情期特有の鳴き方で、パートナーであるオスや飼い主さんを呼ぶためにキャンキャンと大きな声で鳴きます。思いが届くまで延々と鳴き続けることも。オスの求愛ソングに、合いの手のようにこの鳴き声で応えることもあります。

Memo

まれにコトバをしゃべる文鳥も

人の言葉を真似するのはインコ類のお家芸ですが、文鳥のなかにもしゃべることができる子がいるようです。「オハヨウ」「ピッチャン」「ホーホケキョ」などなど……。インコほど多彩ではありませんが、器用な文鳥はこうした声真似もできるよう。とはいえ、文鳥の魅力は声真似ではないので、無理に教えるのは禁物です。

しぐさ・行動

首をかしげて見つめる

気になるものをよく見ようとしています

視力が優れている文鳥ですが、体の構造上、眼球を動かすことができません。ですから何か気になるものがあったときは、頭の角度を変えてじっくり見ようとします。こうすると、顔の側面についている目の片側を対象物に近づけることができるのです。

ちなみに、文鳥どうしにはじっと見つめあうというコミュニケーションはありません。文鳥が人をじっと見つめるのは、後天的に人から学んだ行動なのかもしれません。

鏡を見つめる

鏡に映る自分に興味津々なのです

初めて鏡を見た文鳥は、そこに別の文鳥がいると思うのか、クチバシで突っついたり、威嚇の声をあげたり、鏡の裏に回って確かめたりと、興味津々になります。

成鳥になってもずっと鏡が好きで鏡に向かって求愛する文鳥もいれば、成鳥になる頃には興味をなくす文鳥も。鏡つきのおもちゃも市販されていますが、楽しめるかどうかは文鳥次第のようです。

まん丸になって リラックス

AS LIKE OMOCHI.....

安心しきって お眠りモードです

文鳥の飼い主さんたちが愛してやまないのが、この「おもち」状態。眠たいときや安心しきっているときに見られます。温かくて気持ちいいからか、パソコンなどの家電の上でもよく「おもち」になります。鳥の大胸筋は飛ぶために発達していますが、脚を羽毛の中に収納するとまん丸の胸が際立って、正面から見ると見事なおもち状態になるのでしょう。

ケータイの上で おもち

背伸びをする

BIYOOOOOON

気になるものがあって のぞきこんでいます

おもちから一転、まっすぐ上に伸びたようなポーズ。収納されていた脚もまっすぐ伸びて、なんだか文鳥らしからぬポーズです。高い位置に何か気になるものがあってのぞいているのでしょう。

相手に対して脚を左右に開き気味の仁王立ちで胸を張っているときは、威嚇のポーズ。自分を大きく見せ、ケンカを売っています。文鳥も人間も、しぐさはあまり変わりませんね。

暑いのか、あるいは緊張しているのかも

文鳥の羽毛は気温や気持ちによって立ったり寝たりします。羽毛が体にぴったりと沿っているのは寒くないとき。羽毛の間に空気をためる必要がないのです。また、緊張したときもシュッと細くなります。人間が体をこわばらせるのと同じです。

寒いときや具合の悪いときにふくらみます

羽毛の間に空気をためて温まっています。文鳥がふくらんでいたら室温が低い証拠なのでヒーターで温めてあげましょう。具合の悪いときも体をふくらませるので、ふくらんだままのときは動物病院へ。

クチバシを背中につっこんで眠る

寒いときやまぶしいときの寝姿です

こうして眠れば顔からの放熱を防いだり、光を遮ることができます。鳥は眼球が動かせない分、首は人間以上に回すことができますから、その特徴を生かした寝姿ですね。同様に、寒いときは片脚を羽毛の中に収納し、片脚だけで止まり木にとまって眠ることも。バランス感覚のいい鳥ならではの眠り方です。

クチバシを開けている

暑くて開口呼吸。早く涼しくしてあげて

口を開けて呼吸をしているのは暑い証拠です。翼を体から離して放熱しようとするしぐさも見られます。熱帯生まれの文鳥ですが、猛暑はやはり苦手。原産地インドネシアの夜は涼しく、30℃以上の高温がずっと続くということはないのです。また、病気が原因で開口呼吸することもあります。

クチバシの先をこちらに向ける

クチバシという武器をあなたに突きつけています

文鳥にとってクチバシは相手をつつく「武器」でもあります。こちらに向かってクチバシの先を向けるということは、威嚇しているということ。人が指先やペン先を文鳥に向けるのも、文鳥は同じように威嚇と感じるのでご法度です。

向けていたクチバシを下げる

武器を下げ、和解を示しています

いったんはクチバシ（武器）を相手に向けたものの、にらみあいだけで納得すると、クチバシの先を下に向けます。これは武器を下ろしたということ。緊張の時間の終わりです。文鳥はケンカの終わりも礼儀正しいのです。

握られておとなしくしている

大好きな人とピッタリくっついていられる状態

飼い主さんのことを信頼しているからこそできる行動。大好きな飼い主さんとピッタリくっついていられてうれしいのです。温かくて気持ちいい、巣ごもりのような気分。なかには手の中に無理やりもぐり込んでくる子もいます。

人が食事をすると文鳥も食事をする

大好きなあなたと同じ行動をしたいのです

文鳥は群れで暮らし、一緒に移動して一緒にエサをつつくという「周りに同調する」生活をしています。相手がパートナーならなおさら、同じ行動をしたいので一緒に食事をするのです。

止まり木をクチバシでカチカチとかむ

「あなたが好き」というオスからのサインです

止まり木を小刻みにかんだりクチバシの両サイドをこすりつけるのは、そばにいる相手に「好きです」と伝えるサイン。あなたのそばで文鳥がこのしぐさをしたら、止まり木の端を同じようなリズムで突っついてみて。「私も好き」と返したことになり、文鳥はうれしくなります。

リズミカルにジャンプをくり返す

ピョンピョン

歌を歌いながらくり広げる かわいらしい求愛ダンス

オスが意中の相手に見せる求愛ダンスは、ピョンピョンと小さいジャンプをくり返しながら行われます。ジャンプのリズムがだんだん速くなるとともに気持ちも盛り上がり、最後はメスの背中に飛び乗って交尾…となります。

求愛ダンスのとき、オスが頭を下げるのが、メスに「よろしくお願いします」といっているようでかわいいですが、これはクチバシを下げることによって自分は敵意がないことを相手に示しているのでしょう。

よろしくお願いします

頭を下げて尾羽を震わせる

プルプル

メスの発情のサイン。不要な発情は避けて

頭を下げるとおしりがもち上がり、交尾しやすい姿勢に。つまり、オスに対するＯＫサインです。交尾の直前などに見られるしぐさですが、ひとりで発情したときにも見られます。頭や背中をなでるのは性的な刺激となりうるので、発情しがちなメスにはこうした接触は避けましょう。

脚を重ねる

手をつないでいるようなもの

ぴったり寄り添うことのできるペアだからこそ見られるしぐさ。脚を踏まれることは本来なら危険な状態なので、パートナー以外ならケンカになるところ。体温が伝わって温かいのかもしれませんね。

せまいところに入る

巣ごもりの気分です

薄暗くてせまいところを好むのは、巣に適した場所を探しているのでしょう。放鳥中は意外なところにもぐり込んでいることも多いもの。事故が起きないよう、目を離さないようにしましょう。

ティッシュを運ぶ

巣材にしようとしています

巣作りはオスのほうが熱心で、発情期のオスはいろいろなものを集めます。ティッシュや紙切れ、ゴミ箱のゴミなど、何でも運びたがるのがオスの性《さが》。そうして作った巣でも、気に入らないとメスは壊してしまいます。

人の爪をかむ

クチバシと似た触感を確認

人の爪はクチバシと似た触感のせいか、かみたがる文鳥が多いよう。もしかしたらキスしているつもりなのかも？　ささくれをむくのは羽づくろいのつもりでしょうか。愛情表現かもしれませんが、やはり痛い……。

文鳥の頭のよさはどれくらい？

「とりあたま」なんて
バカにしないで！

鳥類と人類の脳の構造は異なりますが、フルカラーの世界が見えていることや、声やボディランゲージでコミュニケーションすることなど、共通点も多数あります。

頭のよさは犬猫と同じくらい！

記憶力が低いことを「とりあたま」なんていいますが、バカにしたもんじゃありません。動物の知能を測るには「脳化指数」という、体重と脳の重さの比率が目安になりますが、それによると犬が0.14、猫が0.12。スズメ（文鳥の仲間）は0.12で猫と同じ、犬ともほぼ変わらない知能があることがわかるのです。ちなみに、鳥類のなかで最も頭がいいのはカラスで、脳化指数は0.16。犬猫より上なんですね。

爪切りが嫌いな文鳥は、爪切りの入っている引き出しの位置をずっと覚えているといいますし、引っ越しで実家に残した文鳥に10か月ぶりに会ったとき、ちゃんと覚えてくれていたという話も。文鳥の記憶力の高さがわかると思います。

言葉のニュアンスまで聴き分ける優れた聴覚と知能

慶應義塾大学の渡辺茂教授の実験によると、文鳥は英語と中国語を聴き分けられる可能性が高いそう。『源氏物語』の英語訳と中国語訳を聴かせたところ、高い確率で聴き分けに成功したのです。聴かせたのは同一人物が話す英語と中国語なので、声ではなく言語の違いが判断材料であることがわかります。

また、同じ日本語でも賞賛の「そうですか！」と疑念の「そうですか？」を聴き分けられるとか。文鳥は、細かい言葉のニュアンスまでわかるんですね。日々の文鳥との会話も、心を込めていないと見破られてしまうかもしれません。

数も数えられ
たりして？

メスの文鳥が卵を産みすぎるときに使う「偽卵（ぎらん）」は、偽卵を置くことで「あなたはこれだけ卵を産みましたよ。だからもう産まなくて大丈夫ですよ」と伝えるもの。文鳥の平均産卵数は6個ですが、1個産んだときに残り5個の偽卵を置いておけば、もう産まなくなることがあるのです。そう考えると、文鳥は数を数えられるのかも？ぱっと見のようすで判断しているだけかもしれませんが、カラスは数を数えられるといいます。

part 2

文鳥を選ぼう

文鳥を飼いたい！ と思ったら、どんな文鳥を選べばいいか
考えてみましょう。カラーは何にするか、何羽飼うか、
ヒナを飼うか成鳥を飼うかなど、決めたいことはたくさんあります。

色を選ぶ

文鳥のカラーバリエーション

黒の色素と赤の色素の組み合わせでカラーが決まる

　文鳥のカラーはいろいろありますが、すべて黒の色素（ユーメラニン）と赤の色素（フェオメラニン）との組み合わせで作られています。それぞれのカラーを色素の量で表したのが下記の表。黒の色素も赤の色素も多いのが右上の「ノーマル」で、どちらの色素もないのが左下の「アルビノ」です。

　文鳥の本来のカラーは「ノーマル」で、野生の文鳥と同じ色。その他のカラーはすべて人が作り出したものです。シルバーやシナモン、クリームなど、昔はなかったカラーも新たに作出されています。

カラーバリエーションチャート

赤の色素（フェオメラニン）
黒の色素（ユーメラニン）
ノーマル
⇒44ページ
パステルノーマル
⇒44ページ
シルバー
⇒38ページ

Column パイド(白斑)とは

ハク(シロ)
⇒40ページ

サクラ
⇒36ページ

ノーマル
⇒44ページ

白く色が抜けたようになるのがパイド(白斑)です。これはどのカラーに対しても優性で表れます。ノーマルにパイドが表れたのがサクラ。パイドは優性のため、ペットの文鳥でノーマルはなかなか見られなくなっています。

全身がまっ白になるまでパイドが強く表れたのがハク(シロ)。突然変異で生まれるアルビノとは違い、目が黒いのがパイドの証拠です。

そのほか、すべてのカラーにパイドは見られます。

シナモン
⇒42ページ

シックながら、多彩なカラーが楽しい文鳥。昔はなかったカラーも新鮮です。

クリーム
⇒42ページ

アルビノ
⇒45ページ

イノ
⇒45ページ

ライトシルバー
⇒39ページ

サクラ

桜の花びらのような白斑が名前の由来

ノーマルにパイド（白斑）が表れたのがサクラ（桜）。現在、最も多く飼われているのが桜文鳥でしょう。本来のノーマルに近い分、健康な個体が多く、飼いやすいカラーといえます。

白斑の表れ方はさまざまで、ほとんどノーマルと変わらないものから、白が多く白文鳥に近いものまでいます。

GOMASHIO

頭が白と黒のまだらになっている文鳥を通称「ごま塩」と呼びます。白斑の表れ方によって個性的な模様ができます。

（右）頭や胸に白斑が表れているサクラ。（下）白斑が全身に強く表れているサクラ。グレーの部分も薄めです。

GOMASHIO

SAKURA

SAKURA

胸やのどの下、頭などに白斑が少し表れているサクラ。白斑のある両親から生まれたヒナは、親より白斑が多くなります。

白斑が
桜の花びら
みたいでしょ

Check!

サクラのヒナ

羽毛は茶色で、クチバシは黒。パイド化の強いヒナは白い羽毛があったり、クチバシの一部がピンク色のこともあります。

SILVER

昔はいなかったパステルトーンのカラー。優しい色合いに人気が集まっています。

シルバー

淡い色調が新鮮で人気のあるカラー

1980年代にヨーロッパで作出されたカラーで、淡いグレーの羽毛と赤いクチバシのコントラストが美しく、人気のあるカラーです。

黒の色素が少ないため、ノーマルなら黒い頭部などの部分がグレーになっています。グレーの濃さには多少の幅があり、特に薄いグレーの文鳥を「ライトシルバー」と呼ぶこともあります。

シルバーのおもち

すてきな
ニュアンスカラー
でしょ

LIGHT SILVER

特に薄いグレーのカラーを「ライトシルバー」と呼びますが、品種として固定されているわけではありません。イノと似ていますが、瞳が黒いことで見分けられます。

SILVER PIED

シルバーにパイド(白斑)が表れ、頭の一部やのどが白くなっている文鳥。ごま塩状ではなく、ある程度のかたまりで白くなっています。

SILVER

シルバー文鳥のきょうだい。体つきまでそっくりです。

Check!

シルバーのヒナ

羽毛は淡い白銀色。クチバシはやや薄いアズキ色です。シルバーとライトシルバーの見分けはつきません。

ハク（シロ）

日本で作り出された まっ白な文鳥

この色は明治時代初期、日本で生まれたと伝えられています。江戸時代末期、尾張藩（愛知県）の武家屋敷で奉公していた大島《おおしま》八重《やえ》という女性が、嫁ぎ先で育てた文鳥のなかに、ある日まっ白な個体が生まれたのです。体の弱かったその文鳥を八重がかいがいしく世話をしたおかげで文鳥は元気になり、その遺伝子をもった文鳥が増え、やがて品種として固定されたといいます。

やがてこのカラーは世界に知られ、「ジャパニーズ」と呼ばれるように。以来、不動の人気を誇っています。

明治時代に
大人気になった
カラーだよ

WHITE

明治から戦前までは、文鳥といえば白文鳥のことを指すほど、人気を博したカラー。夏目漱石などの文豪の小説にも登場します。

WHITE

パイド（白斑）をもつ文鳥どうしを掛け合わせてパイドを強くし、作られたカラー。色素をもたないアルビノとは異なります。

Check!

ハクのヒナ

ヒナのうちはまっ白な羽毛にグレーの羽毛が混じります。クチバシはピンクで、瞳は黒です。

WHITE

まっ白な羽毛にアイリングやクチバシの赤が優美な雰囲気。カラーは「ハク」とも「シロ」とも呼ばれます。

クリーム

淡いクリーム色は最も新しい文鳥のカラー

１９９０年代にイギリスで作出されたカラー。「シナモン」のパステル化で、黒い色素がなく、赤い色素もごく薄めです。黒い色素がないため瞳は血の色が透けた赤。おなかの下半分が赤茶なのがチャームポイントです。

シナモン

初めて作出された色変わり品種

１９６０年代にオーストラリアで誕生した色を、70年代にオランダで固定したカラー。色変わりの品種として初めて作出されました。黒い色素がなく、赤い色素が全身暖色の色合いを作っています。瞳も赤です。

CINNAMON & CREAM

シナモンとクリームのペア。両方とも暖色系のカラーですが、比べてみると違いがよくわかります。茶色の腹巻きはお揃いです。

CINNAMON PIED

ほぼまっ白ですが、尾羽根に少し色が残っていることでシナモンのパイド(白斑)だとわかります。

おもち対決

CINNAMON

香辛料のシナモンの色に似ているのが名前の由来ですが、これは日本での通称。ヨーロッパなどでは「FAWN(子鹿色)」などと呼ばれます。

CREAM

白い胸がよく見える“おもち”のポーズ。のども薄いクリーム色なのがわかります。

Check! シナモンのヒナ

羽毛はベージュ色で、クチバシは淡いピンク色。目は赤いです。見た目だけでクリームとシナモンのヒナを区別するのは困難。

Check! クリームのヒナ

羽毛はベージュ色で、クチバシは淡いピンク色。目は血の色が透けて見えるため赤色です。

ノーマル

黒・グレー・赤が美しい文鳥本来の色

すべてのカラーのもととなるのがこのノーマルですが、１９９７年に野生の文鳥が絶滅危惧種に指定され、輸入が困難になったことから、見かけることが少なくなってしまいました。

文鳥の本来の
カラーはコレ!

パステルノーマル

黒も赤も薄くなったノーマルの淡色化

ノーマルがやや淡くなった色。遺伝的にメスに多いカラーです。「ダークシルバー」と呼ばれることもあります。写真はのどなどにパイド(白斑)が表れた個体です。

ノーマルと
比べると違いが
わかるでしょ

アルビノ

色素をまったく もたない白い文鳥

親の遺伝子と関係なく、突然変異で色素が欠如したカラー。目が赤いことでハク（シロ）との違いがわかります。遺伝的に劣性のため、受精卵になることも、無事に生まれて育つこともまれ。

ホオグロ

白いはずの頬が 黒くなった変わり種

桜文鳥でまれに生まれる、頬の黒い文鳥。品種として固定されているわけではなく、成長とともに頬が白くなって普通の桜文鳥になります。

イノ

アルビノの一歩手前の ごく薄い色

ごくわずかに色素が残っているカラー。名前は「Albino（アルビノ）」の「ino」で、「アルビノのような」という意味。見た目により「クリーム系イノ」「シルバー系イノ」などと呼ばれることも。瞳は赤色です。

何羽飼う?

1羽か複数かで大きく違う

ベタ馴れにしたいなら1羽飼いがおすすめ

文鳥を飼ううえで、1羽で飼うか複数で飼うかは大きな問題です。1羽の場合、文鳥にとっての仲間は人間しかいません。そのため、飼い主さんが文鳥に優しく接し、文鳥が飼い主さんを好きになってくれれば、文鳥のパートナーは必然的に飼い主さんになります。俗に「ベタ馴れ」という、どこへでもついてきて、飼い主さんだけを強く思うような文鳥にすることができます。

しかし、複数飼いの場合、いくら文鳥に優しく接しても、飼い主さんがパートナーに選ばれるかはわかりません。同じくらい「優しい」場合、同種である

文鳥のほうを好きになるのは無理のないこと。ベタ馴れにしたいと考えるなら、1羽で飼うのがおすすめです。

多頭飼いのリスクも認識しておこう

基本的に、文鳥1羽につきケージは1つ必要です。つまり、多頭飼いにはその分スペースが必要になります。お世話の手間ももちろん増えます。1羽が感染症にかかったらほかの文鳥に広がる恐れもあります。

また、21ページにある通り、文鳥は好き嫌いが激しい性格で、同じ文鳥だからといって仲よくなるとは限りません。特にオスどうしはなわばり意識が強くケンカしがち。仲よくなれなかったときのことも想定して文鳥を迎えましょう。「仲のよい姿を見たかったのに」は、人間の勝手な願望なのです。

多頭飼いでも
手乗りになれない
わけじゃないヨ

Memo

多頭飼いでもベタ馴れにしたいとき

文鳥がパートナーを決めるのは学習期(86ページ参照)。その時期にその文鳥だけ別の部屋にケージを置くなどして、ほかの文鳥が目に入らないようにし、飼い主さんだけが優しく接すればベタ馴れにできるかもしれません。しかし、鳴き声が聴こえるだけでもほかの文鳥をパートナーにする可能性はあり、なかなか難しいことです。

【多頭飼いさん家《ち》の人&鳥の関係図】

オハさん家

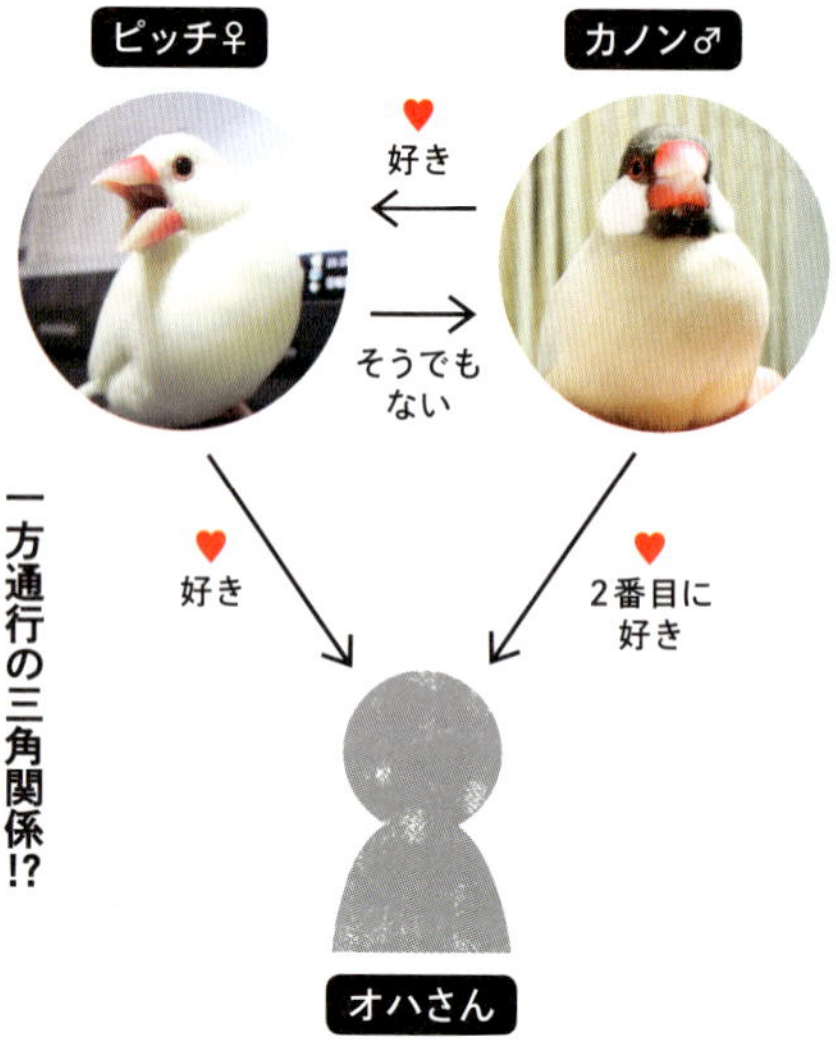

一方通行の三角関係!?

カノンちゃんはピッチちゃんが好きで猛アプローチ。でもピッチちゃんが好きなのは飼い主さんで、放鳥中はベッタリ。カノンちゃんが入り込むと迷惑そうな顔をするそう。カノンちゃんの恋愛成就は遠そうです。

コフィさん家

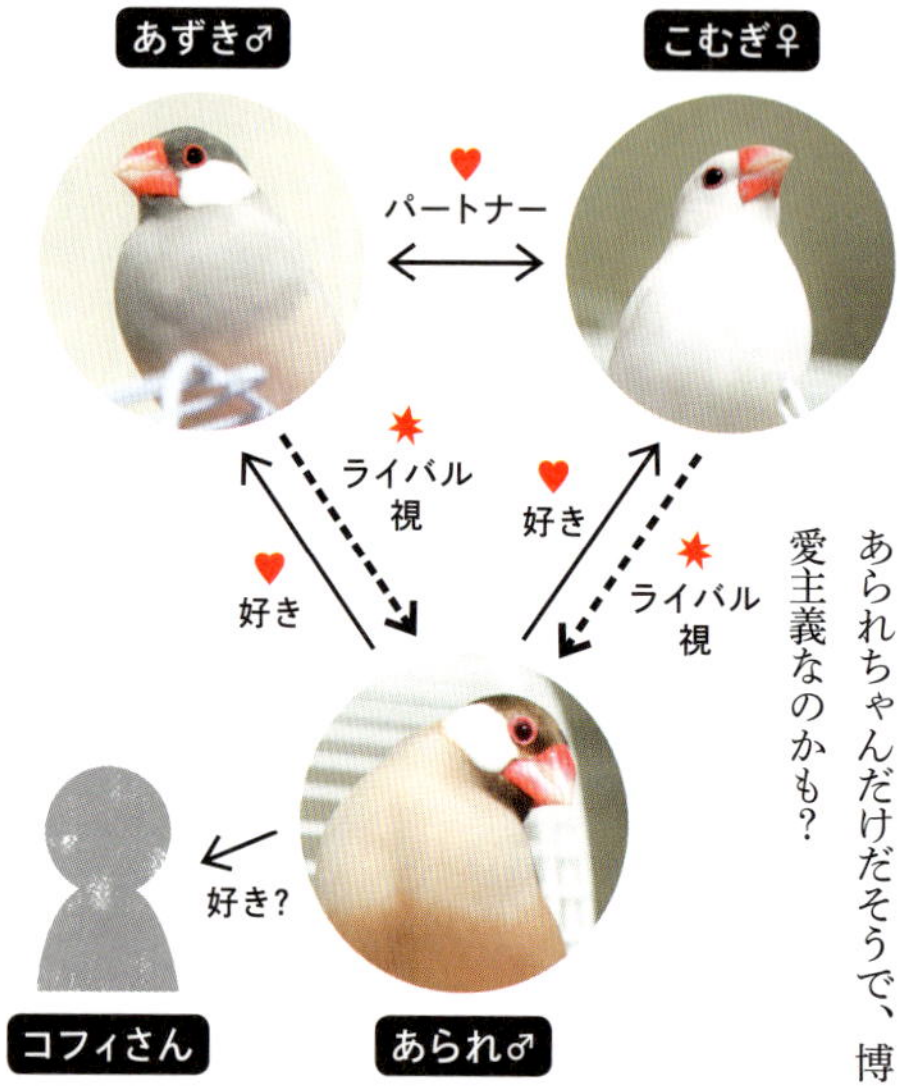

カップルを邪魔するあられちゃん

3羽のうちペアが1組で、あぶれてしまったあられちゃん。しかし両者に(なぜかオスにも)求愛し続け、威嚇されてもめげません。飼い主さんと遊ぶのはあられちゃんだけだそうで、博愛主義なのかも?

フジオ&フジコさん家

嫉妬あり、BLあり!?の7羽と2人

パオパオちゃんはフジコさんが、Q太郎ちゃんはフジオさんがそれぞれパートナー。そのせいで、パオパオちゃんはフジオさんを、Q太郎ちゃんはフジコさんをライバル視して、威嚇することもあります。

一方、P助ちゃんとスミレちゃんは仲睦まじいペア。2羽の間にはコロ助、獅子丸、ドロンパと3羽の子どもがいます。

しかし、その3羽の関係がまた複雑なことに。獅子丸ちゃんとドロンパちゃんがオスどうしで禁断のペアになり、獅子丸ちゃんに近づくコロ助ちゃんをドロンパちゃんがライバル視。人間ならドキドキのBLになっているところでしょうか。

年齢で選ぶ≫

何週齢くらいの文鳥を選べばいいか

「挿《さ》し餌《え》から育てないとなつかない」は間違い

「文鳥は挿し餌から育てないとなつかない」という話を聞きますが、これは間違い。挿し餌してくれた人しか好きにならないというわけではありません。大切なのは、挿し餌を卒業した「幼鳥期」と呼ばれる頃。この頃に優しく接することで、飼い主さんになつく文鳥になるのです。

ひとりでエサが食べられるようになったヒナ。幼鳥とも呼ばれます。

挿し餌の時期のヒナはかわいらしいものですが、一日中そばにいて給餌しなければなりません。また、体もまだできあがっていないので一番命を落としやすい時期でもあります。難しそうであれば無理をせず、挿し餌を卒業した4週齢以降のヒナを選びましょう。

お店では、週齢ごとに細かく分けて表示しているところもあれば、「生後1か月」などざっくりしているところも。挿し餌を卒業しているかどうかはお店の人に確認してみましょう。

週齢の見分け方は⇒66〜71ページ

Memo

成鳥から飼い始めるメリットとデメリット

成鳥から飼い始める手もないわけではありません。成鳥なら性別もわかりますし、健康面の心配も少なくて済みます。ただし、警戒心が強くなっているので飼い主さんや環境に馴れにくい面があることは否めません。馴らすにはヒナ以上の根気が必要です。

Column

初心者におすすめの文鳥の選び方・飼い方

●挿し餌を卒業したヒナを選ぶ

右ページの通り、挿し餌の時期のヒナは手間がかかります。温度や湿度の管理など、細やかなお世話も必要です。文鳥を飼うのが初めての方には、ある程度成長してひとりでエサが食べられるようになったヒナがおすすめです。

●5月か9月に飼い始める

文鳥のヒナが入手できるのは繁殖期である9月頃から5月頃まで。寒い時期は温度の管理などがより難しくなるので、気候のよい5月か、まだ秋も早い9月に飼い始めると◎。特にヒナの時期は、寒いとすぐに命を落としてしまいます。

●桜文鳥を選ぶ

ノーマルに最も近い桜文鳥は、健康面でも心配のない子が多いもの。シナモンなどの色変わりの文鳥や赤目の文鳥は、体の弱い子がやや多いようです。特に初心者の方には健康に育つ確率の高い桜文鳥をおすすめします。

●1羽で飼う

46〜47ページにある通り、多頭飼いはその分お世話の手間が増えます。また、1羽で飼ったほうがベタ馴れになりやすいため、文鳥初心者の方にはぜひ1羽飼いで文鳥のかわいさを堪能していただくことをおすすめします。

文鳥の魅力を
味わってね

大事なポイント≫

健康なヒナの選び方

元気に育つヒナを見つけよう

文鳥のなかには、先天的に奇形だったり、体が弱かったりする子もいます。そういう子を無事に成長させるのは残念ながら難しいこと。文鳥との楽しい生活をスタートさせるためには、健康な個体を選ぶことが大切です。お店では普通、数羽のヒナが一緒にいるので、1羽が病気だとほかのヒナにもうつっている可能性が。できれば具合の悪そうな子が1羽もいないところから選ぶと安心でしょう。

文鳥を迎えた直後は、環境の変化が原因で体調を崩すことが少なくありません。よけいなストレスを与えないよう、1週間はケージから出して遊んだり、かまったりするのを控えましょう。挿し餌が必要な場合も、家について3時間ほどは休ませましょう。

先住鳥がいる場合は、新入りから病気がうつる危険も。1週間ほどは別の部屋で過ごさせ、ようすを見ます。動物病院で健康診断を受け、感染症などをもっていないか調べると安心です。

成鳥の選び方のポイントは⇒134ページ

体

羽《う》軸《じく》が立っていない

羽毛がふくらんでいるのは寒くて具合が悪い証拠。羽軸の状態でも、寒いと下の写真のように立った状態になります。

健康なフンをしている

黄土色の便の周りに白い尿酸がついているのが健康なフン。ヒナのフンは成鳥のフンよりも大きいです。

行動

人の顔を見ると近寄ってくる

人が好きで、好奇心旺盛な証拠。大きくなっても人なつこい文鳥に育つ可能性が高いです。

元気がよく活発

元気なヒナは3週齢になると歩けるようになり、動きがどんどん活発に。ほかのヒナが起きているのに1羽だけ寝ているのは具合が悪いのかも。

目がぱっちりとしている

具合が悪いと目をしっかりと開けられません。腫れていたり涙目になっているのは病気です。

ほかのヒナより頭が大きい

健康で丈夫なヒナは、一緒に産まれたほかのヒナより頭が大きく、体重も重めです。

後頭部などの羽根が抜けていない

ホルモンの分泌異常があると、後頭部から首にかけて脱毛します。弱い個体で、ほかのヒナにつつかれている可能性も。

そのうがつややか

挿し餌がそのうにたまったまま動かない状態(食滞)だと、そのうが乾燥して白っぽくかたくなり、シワや血管が目立ちます。

脚が太い

脚が太い子は大きく丈夫に育つ傾向が。栄養不足だと関節に異常があったり指に変形があったりします。

爪の形がよい

4本の爪がちゃんと揃っていて、ねじれていたりしないかチェックしましょう。

文鳥の歴史

江戸時代から日本人に愛されてきた鳥

日本では文鳥は古くから代表的な飼い鳥として親しまれてきました。文鳥が登場する最も古い文献は1697年発行の『本朝食鑑』といわれ、「近時外国から来たり、形麗しきをもって文鳥と号す」と記されています。鎖国時代、唯一貿易をしていたオランダ東インド会社は、文鳥の原産地であるジャワ島に商館をもっていたため、文鳥の輸入は十分考えられることです。当時はとても高値で取引されており、文鳥１羽の値段が米俵２つ(およそ２両)だったといわれます。

1700年代になると文鳥の飼育方法が書かれた本も出て、繁殖にも成功し、文鳥を飼う文化は庶民にも広がっていきました。有名な絵師によって文鳥の絵が描かれたり、文鳥を育てる内職が流行したり。愛知県で白文鳥が作出されたのは40ページの通りです。

1960年代になると白文鳥繁殖の技術を習得するために台湾から人が訪れ、そのノウハウをもとに台湾産系白文鳥が生まれました。この頃、海外ではシナモン文鳥を皮切りに、シルバー、クリームと、次々と新しいカラーが誕生しました。

しかし一方、インドネシアでは野生の文鳥が乱獲によって激減。1997年、野生の文鳥を守るため、「ワシントン条約付属書Ⅱ」に記載され、取引の規制対象となりました。文鳥は簡単に輸入することができなくなったのです。

日本で文鳥の文化がなくなるのは寂しいこと。そう考え、伊藤美代子さん(本書監修)が立ち上がって、2005年に10月24日を「文鳥の日」に制定。文鳥と人の新しい関係が築かれようとしています。

文鳥年表

- **1697年** 『本朝食鑑』(食糧などの解説書)に文鳥の記述あり
- **1717年** 『諸禽万益集』(飼育本)に文鳥の記述あり
- **1773年** 『百千鳥』(飼育本)に文鳥の記述あり
- **1868年頃** 愛知県で白文鳥が誕生
- **1912年頃** 白文鳥が世界的に知られ、「ジャパニーズ」と呼ばれる
- **1960年代** 白文鳥を台湾に輸出。台湾産系白文鳥のルーツに
- **1960年代** オーストラリアでシナモン文鳥が誕生
- **1980年代** ヨーロッパでシルバー文鳥が誕生
- **1994年** イギリスでクリーム文鳥が誕生
- **1997年** インドネシアの野生の文鳥が絶滅の危機となり、取引の規制対象に
- **2005年** 10月24日を「文鳥の日」に制定

日本での歴史も
長いんだ

part 3

必要なグッズを揃えよう

文鳥を飼うことが決まったら、ケージなどのグッズを揃えましょう。
どんなグッズが必要か、選び方のポイント、レイアウトのポイントなどを
ご紹介します。グッズを選ぶ時間も楽しいものです。

基本のグッズ

成鳥用のグッズとケージレイアウト

その文鳥にとって最適のグッズとレイアウトを

ケージは文鳥にとって自分だけの部屋。その文鳥にとって最も快適な状態に整えてあげたいものです。必要なグッズやレイアウトのポイントはこの通りですが、ブランコを使わない文鳥のケージにブランコをつけていても意味がありませんし、エサ入れをひっくり返すクセのある子には重たい陶器製のエサ入れにするなど、その文鳥の好みやクセによって柔軟に変えていきましょう。容器を取り出しやすいなど、飼い主さんのお世話のしやすさも大切です。

止まり木

文鳥には直径12㎜ほどの止まり木を。自然木のようなものなど、さまざまなタイプがあります。ケージの上段と下段につけて移動できるようにします。文鳥がとまったときに羽根を伸ばせる位置に取りつけて。

ボレー粉入れ

エサ入れより小さめの容器。ボレー粉が湿気ないよう、水入れからは離れた位置に取りつけます。

ブランコ

ブランコを揺らすのは運動にもなります。上段の止まり木の代わりにブランコを設置してもOKです。

菜差し

中に水をためて青菜を入れ、花瓶のように使います。下段だと青菜を引き抜かれやすいので、上段につけるのがおすすめ。

ケージ

35×40㎝前後のサイズが必要。大きすぎても文鳥が落ち着けません。装飾性の高いケージもありますが、掃除などお世話のことを考えるとシンプルな直方体のものが一番です。

水浴び器

左の写真は外づけ用の水浴び器で、ケージの中が濡れにくいのが特徴。上のようなタイプはケージの中に入れて使います。

最高最低温湿度計

ケージ内の温度と湿度をチェックするのに欠かせないアイテム。留守中の温湿度もチェックできる最高最低温湿度計がおすすめです。

ヒーター

冬季や具合が悪くなったときは保温が必要。温まった空気は上に行くため、ケージの下のほうに取りつけます。

⇒58ページ

水入れ

写真のバナナ型水入れは水の汚れと蒸発を防げるタイプ。止まり木から飲みやすい位置に設置します。水をためた深めの容器をケージ内に設置してもOK。

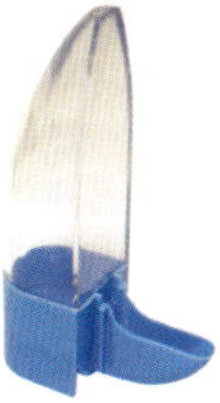

エサ入れ

文鳥はエサをまき散らすクセがあるので、ある程度深いものが◎。容器をひっくり返すクセのある子は、重い陶器製にしましょう。ケージ内に水浴び器を置く場合は、エサに水がかからないような位置に設置すると◎。

成鳥用 その他のグッズ

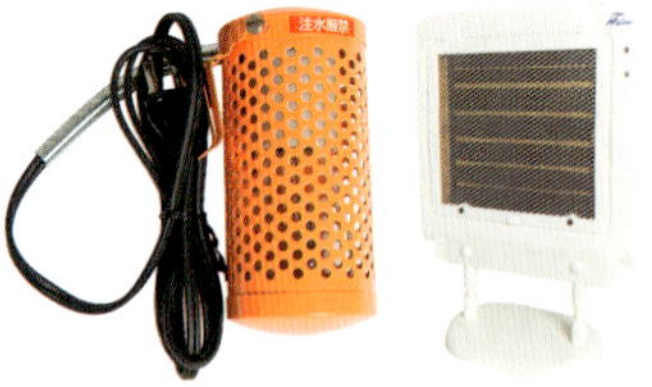

ヒーター

寒い時期にヒーターは必需品です。左は俗にヒヨコ電球と呼ばれるタイプ。20Wか40Wが文鳥に適しています。右はスタンド型のヒーター。遠赤外線でケージの外から温めます。

キャリー

小型のケージのようなつくりで、動物病院に連れて行くときなどに使います。キャリーのままむき出しで移動させると文鳥が怖がるので、キャリーが入るバッグも用意します。

⇒137ページ

おもちゃ

必ず要るものではありませんが、文鳥が遊ぶようならおもちゃを与えても。安全な素材やつくりのものを選んで。

ケージにかける布

就寝時にはケージに布をかけて暗くしてあげます。遮光性があり、ヒーターに触れても安全な難燃性の布が◎。ケージによっては専用カバーがあるものも。

キッチンスケール

文鳥の体重を計測するには、0.1ｇまでわかるキッチンスケールが最適。健康チェックのために欠かせないアイテムです。

成鳥用 エサ関係

ボレー粉

牡蠣の殻を砕いて細かくしたもの。カルシウムなどのミネラル補給に食べさせます。ミネラル補給用サプリがあればボレー粉はなくてもOK。

⇒98ページ

ペレット

必要な栄養素がすべて入っている総合栄養食。動物病院で処方される療法食もあります。1980年頃から開発されたもので、鳥のエサとしての歴史はまだ浅いです。

⇒95ページ

混合シード

文鳥の主食。あわ、ヒエ、キビ、カナリーシードなどがミックスされています。皮をむいた「むき餌」もありますが栄養素が少ないので、皮つきのものを選んで。

⇒94ページ

ハチミツ

文鳥がエサを食べられないとき、薄めて飲ませます。緊急時用に用意しておくと安心。

⇒151ページ

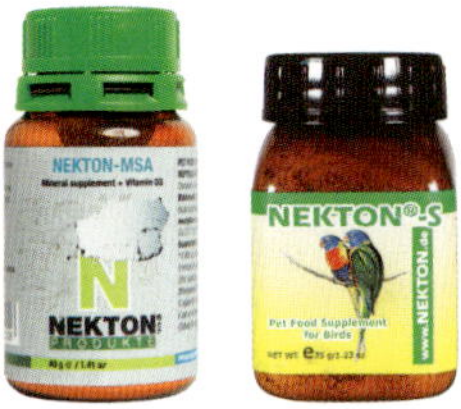
NEKTON-MSA
NEKTON
NEKTON®-S

鳥用サプリメント

青菜が食べられないときや疲れたときのための総合ビタミン剤や、ミネラル補給のサプリがあります。

⇒98、99ページ

青菜

ビタミン補給のために毎日与えます。小松菜や豆苗などが◎。与えると危険な野菜もあるので下記のページを参考に。

⇒96ページ

ペレットより
シードのほうが
好きな子が多いよ

ヒナ用のグッズとレイアウト

2週齢（生後15〜21日）のヒナ

濡れタオル

プラスチックケースの中に濡れタオルを入れて一緒に温めることで加湿します。ヒナの育成には湿度も重要です。

プラスチックケース

プラスチックケースの中にふごを入れれば、さらに保温性や湿気が保たれます。フタをして使います。

ふご

幼いヒナはふご（わらで編んだ巣のような形状の容器）の中で育てます。やわらかくて保温性があります。

最高最低温湿度計

ふごの中が適した温湿度になっているかのチェックに必要。一定期間中の最高・最低温湿度を確認できるものがおすすめです。

ティッシュペーパー

ふごの中にすき間が多くできないよう、ティッシュペーパーを数枚丸めて入れます。フンで汚れたら取り換えます。

ヒーター

本来なら親鳥の体温で温められている時期です。つねにヒーターで30℃ほどに温めます。写真はヒヨコ電球タイプのヒーター。

サーモスタット

サーモスタットをヒーターにつなげば一定温度を保てるため、四六時中温度を確認しなくてもよくなります。写真のようにセンサーをふごの中に入れて使用します。

2週齢、3〜4週齢ともに、プラスチックケースにフタをし、さらに上から毛布などをかけて保温します。2週齢ではふごのフタも忘れずに。

ヒーターはケースの下に敷くパネルウオーマーでもOK（詳しくは左ページ参照）。

3〜4週齢（生後22〜35日）のヒナ

プラスチックケース

ふごははずし、プラスチックケースの中で過ごさせます。仕切りのあるタイプだと、写真のように濡れタオルを一緒に入れられて便利（ヒナのいる側に水が染み出ないよう、タオルはかたく絞ってください）。

あわ穂

挿し餌中のヒナですが、ひとりでエサを食べる練習用にあわ穂を入れておきます。エサをついばむ練習になります。

⇒78ページ

最高最低温湿度計

2週齢と同様です。

止まり木

3週齢になると歩けるようになるので、止まり木にとまる練習として入れておきます。

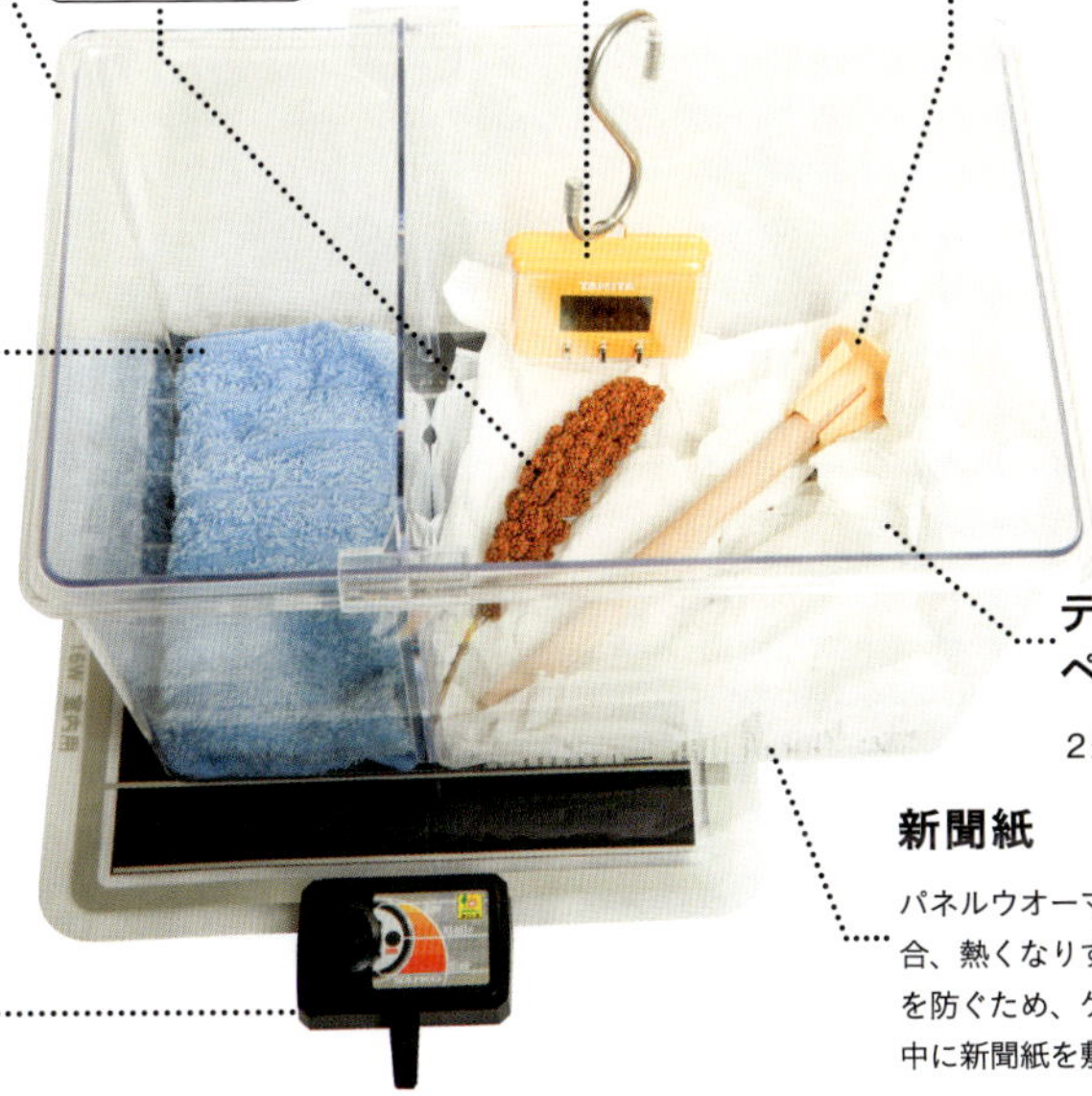

濡れタオル

ヒーター

写真はパネルウオーマーで、ケースの下に敷いて使います（ヒヨコ電球でもかまいません）。パネルウオーマーの場合、熱くなったときに文鳥が逃げられるよう、敷かない部分も作ります。濡れタオルはケースの中で一緒に温めて加熱します。

ティッシュペーパー

2週齢と同様です。

新聞紙

パネルウオーマーの場合、熱くなりすぎるのを防ぐため、ケースの中に新聞紙を敷きます。

ヒナの成長には保温と加湿が重要

ヒナは本来、親鳥と一緒の温かい巣の中で過ごしています。人の手でヒナを育てるときは、親鳥のもとにいるのと同じような温かい環境を作ることが大切。また温かくても乾燥していては不十分です。濡れタオルを利用して加湿しましょう。

健康なヒナはぐんぐん成長します。ヒナの成長に合わせてお世話の環境も変えていきます（66〜71ページ参照）。5週齢以降は成鳥と同じ環境に変わります。すぐに必要になるので、成鳥用のグッズも最初に揃えてください（56〜59ページ参照）。

ヒナ用 エサ関係

青菜

挿し餌の材料として小松菜や豆苗を用意。ヒナの頃から青菜の味に慣らしておくことで、青菜が好きな文鳥になります。

⇒74ページ

パウダーフード

ヒナの挿し餌の材料。穀物などを粉状にしたもので、ヒナ用の総合栄養食です。２週齢のヒナでは主食になります。

⇒72、74ページ

あわ玉

ヒナの挿し餌の材料。あわの皮をむいたものに卵黄をつけた高栄養のエサです。文鳥の発情や育雛用のエサでもあります。

⇒74、154ページ

あわ穂

穂つきのあわ。あわ穂をついばむことが、ひとりでエサを食べる練習になります。赤あわや白あわのほか、穂つきのヒエなどもあります。

⇒78ページ

ミネラル補給のサプリメント または卵の殻

ヒナの挿し餌の材料。カルシウムなどのミネラル補給用です。本書では吸収率のよさなどからサプリメントを推奨しますが、入手できなければ卵の殻でも代用できます。

⇒74ページ

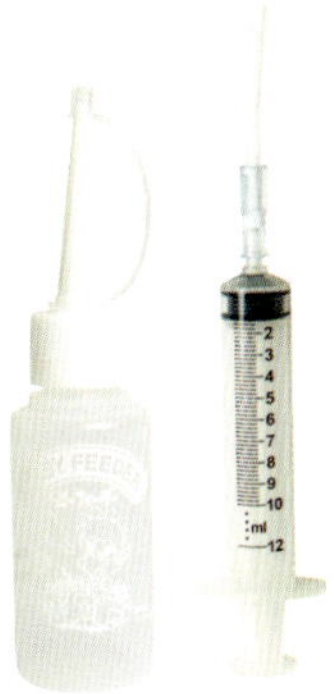

パウダーフード専用給餌器

２週齢のごく幼いヒナには、右の給餌スポイトだと大きいので、注射器型の給餌器(右)か、スポイト式の給餌器(左)を使います。

⇒72ページ

給餌スポイト

ヒナに挿し餌を与えるときの道具です。これに挿し餌を入れ、ヒナの口の中で押し出します。ヒビが入ることもあるので、２本以上あると安心です。

⇒74ページ

すり鉢とすりこぎ

青菜や卵の殻をすりつぶすのに使います。すりつぶしは少量あればよいので、小さめのものが使いやすいです。細かい溝に食べ物が残りやすいので文鳥専用のものがあると◎。

⇒74ページ

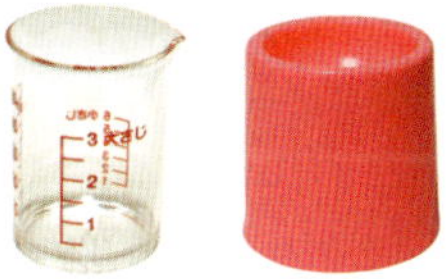

大小の容器

材料を混ぜて挿し餌を作る容器です。小さい容器を入れて湯煎できる大きめの容器も用意します。

⇒72、74ページ

☑Check!

慣れさせたいものは成鳥になる前に与える

ヒナの頃は何に対しても興味津々で柔軟ですが、成鳥になると初めて見たものは警戒し、近づかないことがあります。例えばケージの中でブランコを使わせたい場合、成鳥になって初めて与えても使わないことも。使わせたいものは幼鳥期(４～11週齢頃)に与えることがポイントです。

つい つい 集めちゃう

文鳥モチーフグッズ

頬ずりしたくなる 文鳥マウスパッド

おもち状態の文鳥の絵のマウスパッド。かわいすぎて観賞用にする方続出!? 写真の白文鳥、桜文鳥、シナモン文鳥のほか、シルバー、クリームもあります。<spica*マウスパッド まんまる文鳥>B

ヒナ時代を思い出しちゃう クチバシくつした

「挿し餌ちょうだい!」といっているように大きく口を開けた文鳥たち。カラーリングもおしゃれで、ファッションのアクセントになりそう。<嘴のくつした【文鳥】>D

商品お問い合わせ先

A 株式会社セキグチ
0120-041903
http://www.sekiguchi.co.jp/

B Hydaway
☎044-328-5351
http://www.rakuten.co.jp/hydaway/

C torinotorio
http://www.torinotorio.net/

D KOTORITACHI
http://kotoritachi.com/

©SEKIGUCHI

ほんわかうずもれたい 文鳥クッション

ピンクのクチバシの正面顔がかわいいクッション。背が25cmもあって、抱きしめたり、顔をうずめるのにピッタリ。<コトリコレクション 文鳥クッション ホワイト>A

いくつでもほしくなる 缶バッジ

バッグなどにいくつもつけたい文鳥缶バッジ。イラストレーターamycco.さんのゆるかわイラストがたまらない! <amycco.缶バッジ (左から)スサー、首をかしげる文鳥、キャリーでお出かけ>B

文鳥のラテアートができる! プレート

プレートをカップの上に乗せ、ココアパウダーなどを振りかければ、文鳥のラテアートが完成! ラテ以外にもパンケーキやお弁当などに使えます。<ToriLatteパウダープレート文鳥>C

※2015年10月現在の商品です

part 4

ヒナを育てよう

ヒナを育てることは楽しい反面、一日たりとも気が抜けない厳しさも。
エサの与え方、保温のしかた、加湿のしかたなど、細部まで注意して
かよわいヒナを無事に成長させましょう。

ヒナの成長とお世話≫

成長に合わせたお世話・早見表

日一日と成長していくヒナに合わせたお世話のしかたを

健康なヒナは日一日と成長していきます。それに合わせて、お世話のしかたもどんどん変わっていきます。ここでは週齢ごとの成長の目安とお世話のしかたをまとめました。リンク先のページと合わせて参考にしてください。

正式な定義はありませんが、一般的に飛べるようになった4週齢以降のヒナは「幼鳥」、成鳥と変わらない羽毛になった12週齢以降の文鳥は「若鳥」と呼ばれます。

週齢	**0～1週齢** （生後1～14日）
体重の目安	2～15g
成長	 ・生まれたては目が開いておらず、羽毛も生えていない ・生後10日くらいに目が開き、羽軸（うじく）が伸びてくる
お世話	・親鳥に飼育をまかせる ・育雛放棄などで人が育てなければいけない場合、2週齢のヒナと同じように育てるが、無事に育つことは難しい（挿し餌は1時間おき） 
適温適湿	30～32℃/80%以上

	2週齢 (生後15〜21日)	3週齢 (生後22〜28日)
体重	15〜20g	20〜28g
写真		
特徴	・羽軸が先端から開き始め、羽毛が見えてくる ・クチバシや脚の指がよく動くようになる ・翼で体を支えないと立っていられない	・羽毛が生えそろう ・ウオーキング(脚を交互に出して歩く)やホッピング(両脚を揃えて跳ねる)ができるようになる
環境・食事	環境 ・ふごの中で過ごさせ、挿し餌のとき以外は出さない ⇩60ページ 食事 ・パウダーフードの挿し餌を1日6〜7回 ⇩72ページ	環境 ・プラスチックケースの中で過ごさせる ⇩61ページ ・1日1時間ほど、明るい時間を作る ⇩78ページ 食事 ・あわ玉の挿し餌を1日6回くらい ⇩74ページ ・ひとり餌の練習としてあわ穂をケースに入れておく ⇩78ページ
写真	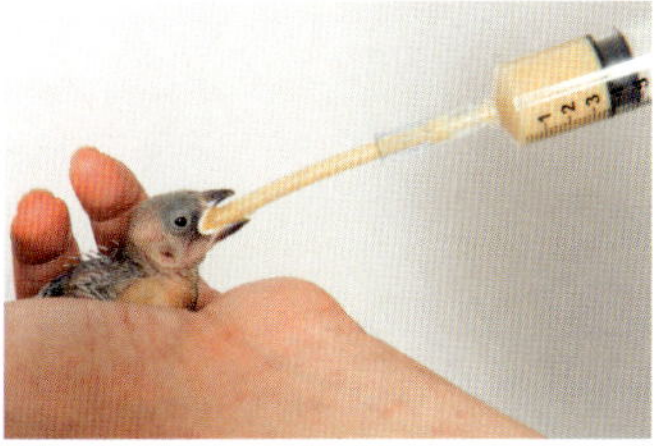	
温度/湿度	30〜32℃/80%以上	28〜30℃/70%以上

週齢	4週齢 (生後29～35日)	5週齢 (生後36～42日)
体重の目安	25～30g(飛べるようになると一時的に体重が減少することも)	

4週齢
(生後29～35日)

成長

【幼鳥】

・止まり木にとまれるようになる

・飛ぶようになる

・オスはさえずりの練習(ぐぜり)を始める

・水浴びを始める

お世話

環境

・プラスチックケースの中で過ごさせる ⇩61ページ

・日中は保温したケージに入れて慣らし始める ⇩56、80、82ページ

食事

・あわ玉の挿し餌を1日5回くらい ⇩74ページ

・あわ穂と成鳥用のエサを用意する ⇩78、94ページ

その他

・水浴びを始める ⇩84ページ

・放鳥を始める ⇩85ページ

・日光浴を始める ⇩85ページ

5週齢
(生後36～42日)

成長

・クチバシやアイリングがピンク色に色づき始める

・猛スピードで部屋の中を飛びたがる

お世話

環境

・プラスチックケースを卒業し、保温したケージの中で過ごさせる ⇩56、80、82ページ

食事

・あわ穂と成鳥用のエサを用意する ⇩78、94ページ

・挿し餌をほしがるなら1日3回くらい ⇩74ページ

その他

・人に馴れた文鳥にするため、なるべく近くにいて優しく接する ⇩86ページ

適温適湿

25～28℃／60%以上

6週齢 (生後43～49日)	7週齢 (生後50～56日)	8週齢 (生後57～63日)
25～30g		

・この頃までにひとりでエサが食べられるようになる(成長に遅れのあるヒナや寒い時期は、まだ挿し餌中の場合もある)	・いろいろなものに興味津々だったヒナが、見慣れないものにやや恐怖を感じ始める	・成鳥羽になるための換羽が始まる(ヒナ換羽) ・ホルモンバランスが変わるため神経質に

環境

・保温したケージの中で過ごさせる ⇒56、80、82ページ

食事

・基本は5週齢と同じ

・なかなかひとり餌にならない場合は、放鳥時にヒナの周りにエサをまき、指先でつついてみたりして食べるよう促す ⇒79ページ

その他

・人に馴れた文鳥にするため、なるべく近くにいて優しく接する ⇒86ページ

Column 学習期とは

幼鳥期である4週齢から11週齢くらいまでは、周囲の物事に関心が高く、警戒心が少ない時期。この時期に覚えたことは一生忘れないため「学習期」と呼ばれます。慣れさせたいものはこの時期に覚えさせることが肝心です。

⇒82ページ

25～28℃／60%以上

週齢	9週齢（生後64～70日）	10週齢（生後71～77日）	11週齢（生後78～84日）
体重の目安	25～30g		
成長	 ・換羽が一気に進む	 ・全身のヒナ毛が抜け始める	 ・換羽が最終段階に近づく頃。とても疲れやすくなる
お世話	環境 ・保温したケージの中で過ごさせる ⇓56、80、82ページ 食事 ・成鳥用のエサを用意する ⇓94ページ その他 ・人に馴れた文鳥にするため、なるべく近くにいて優しく接する ⇓86ページ   爪切りやキャリーは幼鳥期（学習期）のうちに慣らしておきたいもの。若鳥（12週齢以降）になるまでに経験させましょう。 ⇒82ページ		
適温・適湿	20～25℃／60％以上		

12週齢
（生後85～91日）

25～30g

【若鳥】
・換羽がほぼ完了し、若鳥になる

環境
・寒い時期でなければ、ケージのヒーターをはずしてもよい（温度計で必ず確認すること）

食事
・成鳥用のエサを用意する ⇓94ページ

20～25℃/50～60％

毎日の体重測定で成長具合をチェック

若鳥になるまでは、毎日体重を量って成長具合をチェックしましょう。毎日、最初の挿し餌の前など同じタイミングで量り、記録しておきます。下の写真のようにそのままキッチンスケールの上に乗せるか、止まり木などにとまらせて量ります。動いて測定しづらいときは紙の箱などに入れて量ってもよいでしょう。特に幼いヒナは寒い環境で弱らせてしまわないよう、短時間で手際よく測定しましょう。

健康なヒナであれば生後30日くらいまでは少しずつ体重が増えていくもの。飛べるようになると運動量が増すため、一時的に1～2グラムほど体重が減ることもありますが、それ以上の急激な体重の減少や、4週齢を過ぎても20gを切っているような状態は病気や発育不良の可能性が。動物病院で診てもらう必要があります。

ヒナに挿し餌をしよう

しっかり準備をして手早く終わらせよう

3週齢以上のヒナにはあわ玉の挿し餌を給餌スポイトで与えますが、ごく幼い2週齢のヒナには、より小さい給餌器でパウダーフードの挿し餌を与えます。

挿し餌中のヒナに起こりやすいのが寒さによる体調不良。挿し餌はケースからヒナを出して行いますが、この時間をなるべく短くすることが大切です。必ず挿し餌を作ってからヒナを取り出し、挿し餌が終わったら遊んだりせず、すぐに戻すようにします。冬場などは部屋全体を暖房で温かくしておくとよいでしょう。

2週齢のヒナ パウダーフードの挿し餌

用意するもの

□パウダーフード

□パウダーフード専用給餌器

□小さい容器

□キッチンスケール

作り方

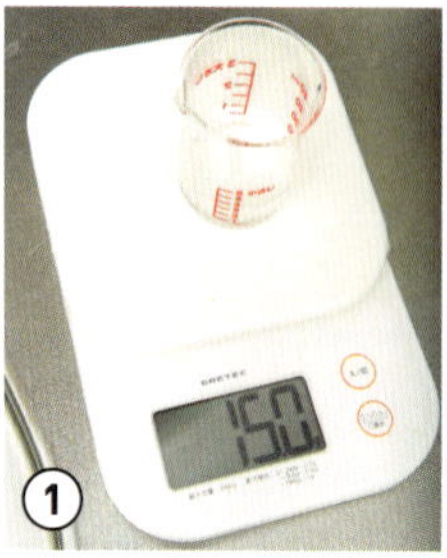

1

容器に15ccほどのお湯を入れます。お湯は40℃強のぬるま湯。熱湯だとパウダーフードが固まってしまうので注意。

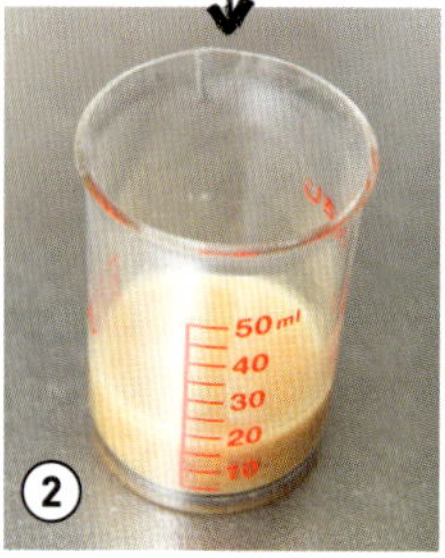

2

お湯の中に４ｇほどのパウダーフードを入れます。給餌器で混ぜて、ポタージュスープほどのかたさに仕上げます。挿し餌は作り置きせず、その都度新しく作ります。

与え方

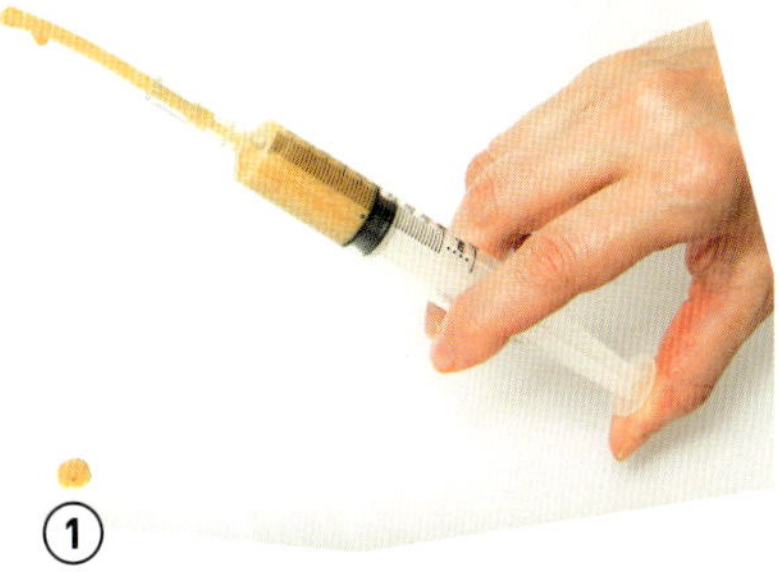

①
給餌器に挿し餌を吸い取ります。先を上に向けて底を押し、挿し餌が少し垂れる程度に空気を抜いておきます。

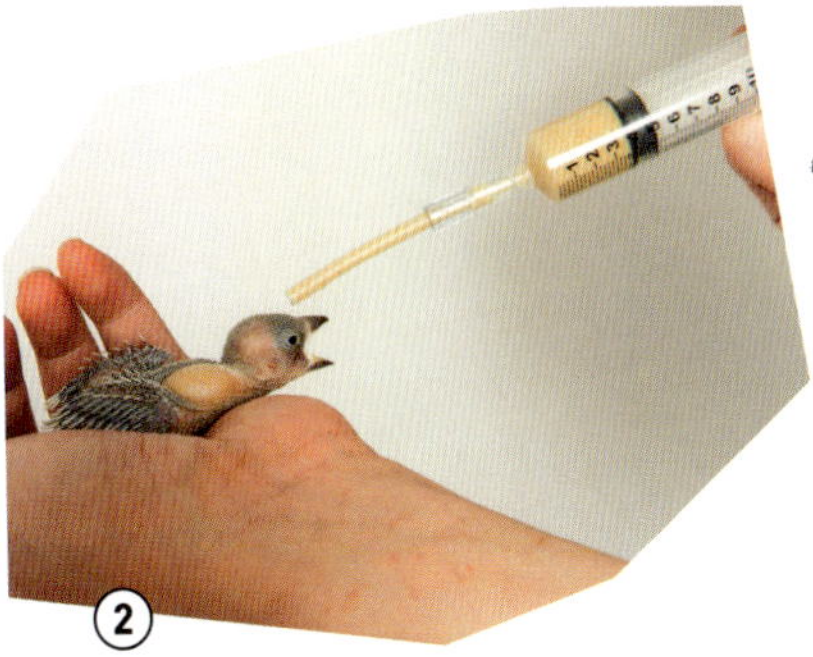

②
ヒナを手で持ち、給餌器をヒナの前に出して見せます。元気なヒナなら口を開けて鳴き始めます。給餌器を見せてヒナの口、食道、そのうが一直線になるように誘導します。ヒナの頭に軽く手を添えてもOK。

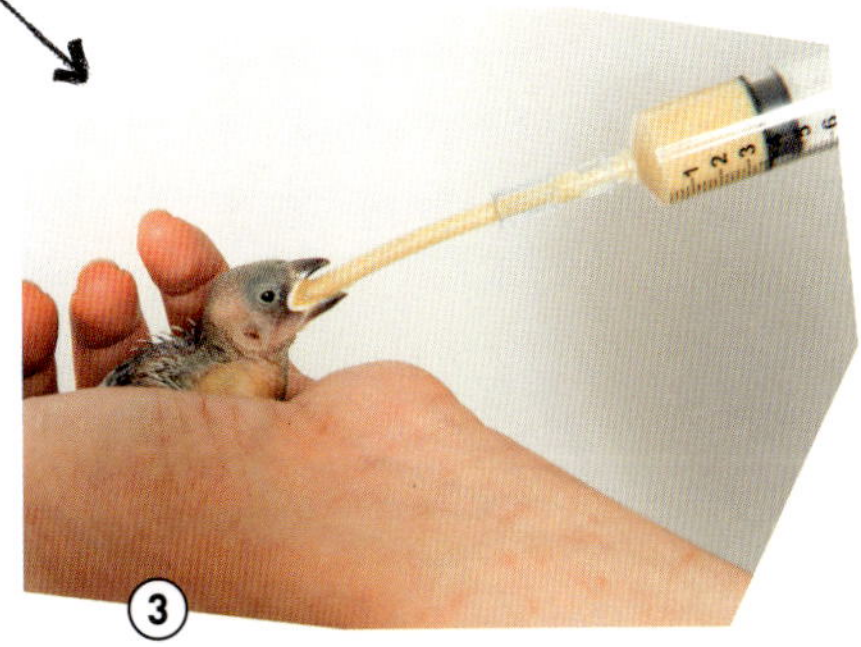

③
ヒナの口の中に給餌器の先を入れると、ヒナは自分で食道の奥まで先を飲み込むので、挿し餌をゆっくり押し出します。食道の手前の気管に挿し餌を入れてしまわないよう注意。ある程度押し出したら口から抜き、ヒナが挿し餌を飲み込んだら再度与えます。ヒナが食べなくなるまで与え続けます。

挿し餌後

挿し餌前

しぼんでいたそのうがパンパンになって頭と同じくらいの大きさに。ヒナがほしがらなくなるまで与えます。量はヒナによって異なります。

2週齢のヒナには約2時間おきに与えます。食欲旺盛なら18時を最後にしてOKですが、食が細いなら20時にもう一度与えます。挿し餌のときにフンの状態もチェックし、汚れたティッシュは取り換えます。

Check!
挿し餌スケジュール例

2週齢　8:00　10:00　12:00　14:00　16:00　18:00　20:00

3週齢以降のヒナ　あわ玉の挿し餌

用意するもの

□あわ玉

□パウダーフード

□ミネラル補給の
サプリメント
または卵の殻

□青菜

□すり鉢・
すりこぎ

□給餌
スポイト

□大小の
容器

□キッチンスケール

作り方

①
青菜のすりつぶしを作ります。小松菜または豆苗を千切りにしてからすり鉢ですりつぶします。

②
ミネラル補給のサプリメントを使用しない場合は、卵の殻を使います。卵の殻の内側の薄膜を取り、電子レンジで加熱して乾燥させたあと、すりつぶします。

3週齢以降は あわ玉の挿し餌を与える

注意点は72ページと同じですが、挿し餌の量が増えるため、寒い時期は途中で冷めてしまわないよう、湯煎しながら与えることが大切です。

ヒナが飛べるようになると、挿し餌の途中で飛んで行ってしまうこともあります。その場合はつかまえてもとの場所に戻すより、飛んで行った先に人が出向いて食べさせたほうがスムーズです。

与え方

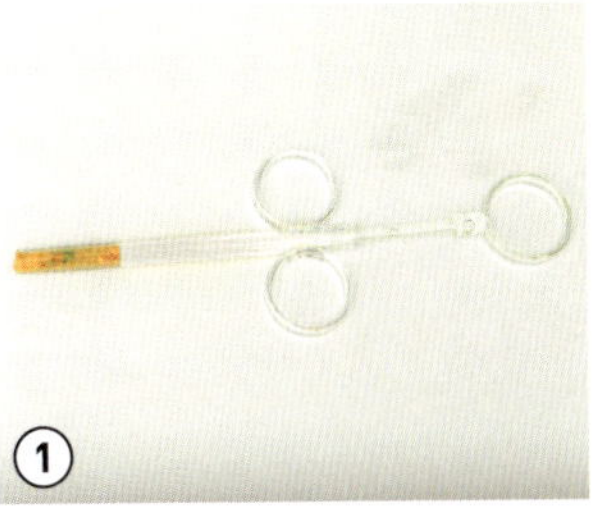

①

給餌スポイトに一度に入れる量はこれくらい。あまり多く入れるとスポイトが動きづらく、勢いよく飛び出しすぎてしまうので注意。

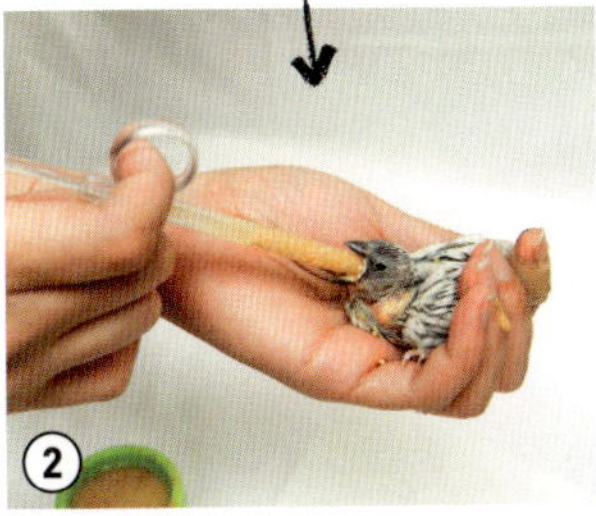

②

73ページと同様、ヒナの口、食道、そのうがまっすぐになった状態で給餌器の先を口に入れます。元気なヒナは食道の奥まで給餌器を飲み込みます。

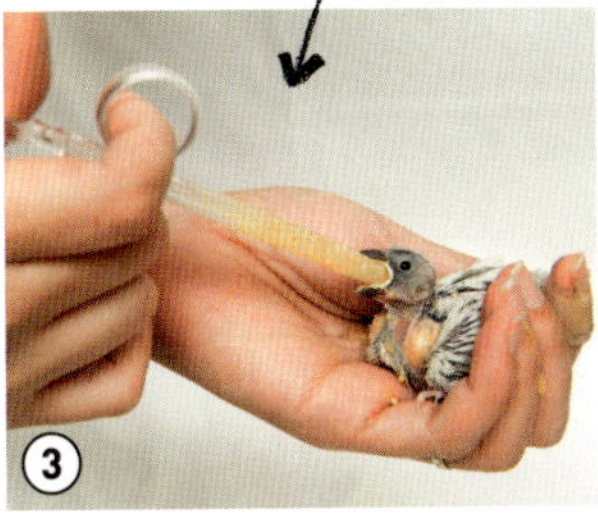

③

スポイトを押して挿し餌を出します。食道の手前の気管で出してしまわないよう注意。ある程度出したら給餌器を抜き、ヒナが飲み込んだら同じ手順で挿し餌を続けます。ヒナの成長具合などによって異なりますが、一度の挿し餌で3～5口くらいが標準。

③

あわ玉を5g程度容器に入れます。ゴミを取り除くため、一度熱湯を入れ、軽くかきまぜてから湯を捨てます。

④

再度熱湯を入れます。あわ玉の2倍の高さが湯量の目安。お湯につけおきしたり､グツグツ煮るのはNGです。

⑤

青菜のすりつぶし1つまみ、ミネラル補給のサプリメントまたは卵の殻のすりつぶしを1つまみ加えて、40℃程度まで冷ましたら、パウダーフードを2g程度加えて完成。作り置きせず、その都度新しいものを作ります。

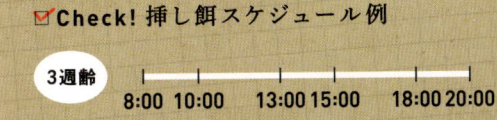

Check! 挿し餌スケジュール例

3週齢　8:00　10:00　13:00　15:00　18:00　20:00

4週齢　8:00　11:00　14:00　17:00　20:00

5週齢　10:00　15:00　20:00

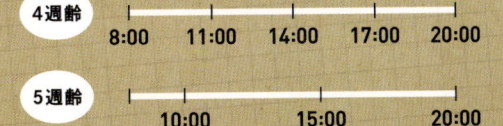

成長するにつれ、挿し餌の間隔が長くなります。早いと4週齢でひとりでエサを食べられるようになりますが、ヒナがほしがるうちは挿し餌を続けます。

ヒナの挿し餌の困りごとQ&A

Q 挿し餌を食べてくれません

A いくつかの理由が考えられます

ヒナが挿し餌を食べてくれないと、とても心配になると思います。いくつかの理由が考えられますが、はじめは口を開けてねだるのにすぐに食べなくなる場合は①か②、口も開けない場合はその他の可能性が高いです。

① 挿し餌が冷たい

挿し餌の適温は親鳥の体温に近い40℃前後です。はじめは温かくても途中で冷めてしまうなら、湯煎をしながら与えてください。

② 室温が低い

寒い環境にいるとヒナは口を閉じてしまいます。温かいストーブの前で挿し餌をするか、暖房で部屋全体を温めておきましょう。「午前より午後のほうがよく食べる」という場合も、朝の室温が低いことが考えられます。

③ 環境の変化

新しく迎えたばかりのヒナの場合、環境の変化に敏感になって食べたがらないことも。家について3時間くらいはゆっくり寝かせましょう。迎える前と同じ給餌器やエサだとヒナが受け入れやすいです。

また、以前と同じ挿し餌スケジュールでないと食べないことも。例えば最初の挿し餌が朝10時だったヒナは、8時に与えても食べないことがあります。挿し餌中のヒナを迎えるときは、今までの食事時間も聞いておきましょう。

④ 以前の挿し餌で嫌な思いをした

挿し餌が冷たかった、スポイトでのどを傷つけた、挿し餌が気管の中に入

ってしまった……。こうした経験があると、挿し餌に嫌なイメージがついて挿し餌を受けつけなくなることも。慣れていない人はお店などで手本を見せてもらうとよいでしょう。

⑤ ひとり餌になりたがっている

4週齢以降のヒナの場合、挿し餌を卒業したがっていることもあります。お店では挿し餌をしていても、新しい家に来ることで気持ちが変わり、挿し餌を卒業することも。ただし、ひとりで十分なエサを食べられるようになるまでは挿し餌は必要です(78ページ参照)。

⑥ 病気になっている

81ページや138〜139ページのような症状が見られるときは病気の可能性あり。十分に保温し、一刻も早く動物病院へ連れて行きましょう。

Q そのうに昨日のエサが残っています

A 消化が停滞している「食滞《しょくたい》」の状態です

健康な状態では、そのうにたくさんエサが入っていても、指で触るとやわらかく中のエサがタプンと動きます。指で押しても中身が動かないときは「食滞」と呼ばれる消化不良の状態。挿し餌の水分不足や寒さ、病気などが原因で起こります。

この状態になっていたら下の処置を施し、3時間ほど寝かせます。3時間経ってもそのうがカラになっていなかったり、お湯を飲まないときは、すぐに動物病院で診てもらいます。

そのうの中身が動かないときは、スポイトでぬるま湯を3口ほど飲ませたあと、指でそっとそのうを押します。中身が動くようになったら保温をしながら3時間ほど寝かせます。

食滞になっているヒナ。そのう内のエサの輪郭がボコボコと浮き出ています。放っておくと「そのう炎」(144ページ)などを起こし、命に関わることも。

ひとり餌の覚えさせ方

あわ穂を使って ひとり餌《え》を覚えさせる

挿し餌を卒業し、ひとりでエサが食べられるようになることを「ひとり餌」といいます。通常、6週齢くらいまでに文鳥はひとり餌になります。早いと生後30日前後でひとり餌になる子もいます。

ひとり餌を覚えさせるためには、3週齢頃からケースの中にあわ穂を入れておきます。足もとに転がしておいたほうが興味をもつようです。かんだり引っ張ったりしているうちに、クチバシでシードをつかんで皮をむくという一連の方法を自然に覚えていきます。

あわ穂が見えるように、3週齢では日中1時間ほどケースを覆う毛布をプチプチシートに替えるなどして、明るい時間を作るようにしましょう。

挿し餌はいつ 終わればいい？

ひとりでエサを食べられるようになったからといって、すぐに挿し餌をやめないでください。ついばんでいるように見えてもちゃんと食べられていないことがあります。ひとり餌に興味をもち始めてから十分な量を食べられるようになるまで、1週間はかかります。

あわ穂をつついて
シードを取るのが
楽しいんだ

穂についたままのシードは野生での食べ物に近いため、興味をもって食べる子が多いよう。ひとり餌を完全に覚えたら、成鳥と同じ食事になります。

成鳥の食事は⇒94ページ

給餌スポイトを見てヒナが口を開けるようなら、挿し餌を続けてください。挿し餌を無理にやめても、ひとり餌への移行が早まるわけではありませんし、最悪の場合、栄養不足になって死んでしまうこともあります。挿し餌の卒業はあくまで文鳥自身にまかせます。長いと生後2か月くらいまで挿し餌をすることもありますが、長く続けたからといって病気になったりするわけではありません。

文鳥は最初からクチバシが器用に使えるわけではありません。人間がお箸の使い方を覚えるように、ヒナもクチバシの使い方を徐々に覚えていくのです。

ひとり餌を練習しようとしない子の促し方

まれに、あわ穂を入れておいてもつついたりせず、ひとり餌をなかなか覚えない子もいます。そういうときは、挿し餌を与えるときに乾いたあわ玉を3粒ほど口の中に落としてみたり、放鳥時に文鳥の周りにシードをまいて人が指先でつついてみたりすると、興味をもつことがあります。

あわ穂と同じように、青菜も与えてみます。ペレットを食べさせたい人は、あわ穂と同じようにペレットも与えます。

Column

挿し餌の終了は親子関係の終了

挿し餌を与えている間は、いわば飼い主さんはヒナにとって親。ですが、文鳥はひとり餌を覚えたら親から独立し、自分のパートナーを探して暮らすようになります。つまり、成長した文鳥が慕うのは親ではなくパートナー。挿し餌をして育てたことはすっぱりと忘れ、今度はパートナーとして好いてもらえるよう努力するのが、文鳥とよい関係を築くコツです。

ヒナの保温≫

寒さは命取り

ヒナが無事に成長するためには高温多湿の環境が必須

　文鳥の故郷であるインドネシアは高温多湿の環境であることに加え、ヒナはつねに巣の中で親鳥に温められている状態です。文鳥の体温は約42℃で、親鳥やきょうだいとくっつきあっているためとても温かく、湿度も高いことが想像できると思います。成鳥の文鳥にとっても保温は大切ですが、特にヒナのうちは無事に成長するために高温多湿の環境が欠かせません。
　週齢ごとの適温・適湿は66〜71ページの通り。生後半年で成鳥になるまでは保温と加湿を心がけましょう。特に夜間は日中よりも気温が下がりやすく

2週齢（生後15〜21日）

まだ羽毛も生えそろっておらず、最も保温に気をつけなければいけない時期。ふごとプラスチックケースで30〜32℃の温度を保ちます。濡れタオルを一緒に温め、湿度は80%以上に。

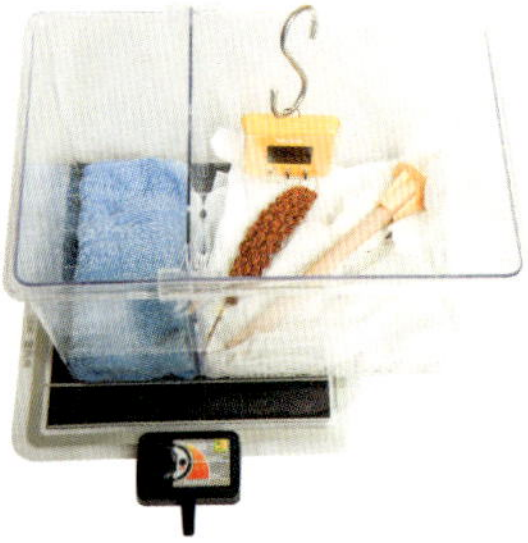

3〜4週齢（生後22〜35日）

羽毛が生えそろったらふごを卒業し、プラスチックケースの中で過ごさせます。３週齢は28〜30℃で湿度70%以上、４週齢は25〜28℃で湿度60%以上を保ちます。

5週齢以降（生後36日〜）

止まり木にとまれるようになったら、保温したケージの中で過ごさせます。ヒヨコ電球タイプかスタンド型ヒーターで保温します。水入れがあるので湿度は保てるはず。

なります。サーモスタットをヒーターにつないでおけば、一定の温度を保つことができるため、夜も安心して眠れます。

サーモスタットについているセンサーをふごなどの中に設置しておくと、自動的にヒーターをON／OFFして設定温度を保ってくれます。

また、まだ飛ぶことのできない幼いヒナを外に出して遊ぶことはとても危険です。本来ならば温かい親鳥のおなかの下にずっといる時期ですから、大変な疲労とストレスをかけます。床をよちよち歩きするヒナのようすがかわいいという気持ちはわかりますが、ヒナにとっては恐怖でしかありません。挿し餌の時間以外はゆっくり眠らせてあげることが大切です。

寒くて具合が悪いとき

ヒナは寒いとすぐに体調を崩します。寒がっているときのサインを確認しておきましょう。寒くなくても、体調が悪いとこのような状態が見られます。

目がパッチリ開いていない

まぶたが半分閉じていてパッチリと開きません。起きている時間が短くなり、ずっと寝ているようになります。

羽毛がふくらんでいる

羽毛をふくらませて空気を取り込み、少しでも温まろうとしています。ヒーターにくっついて離れようとしないこともあります。

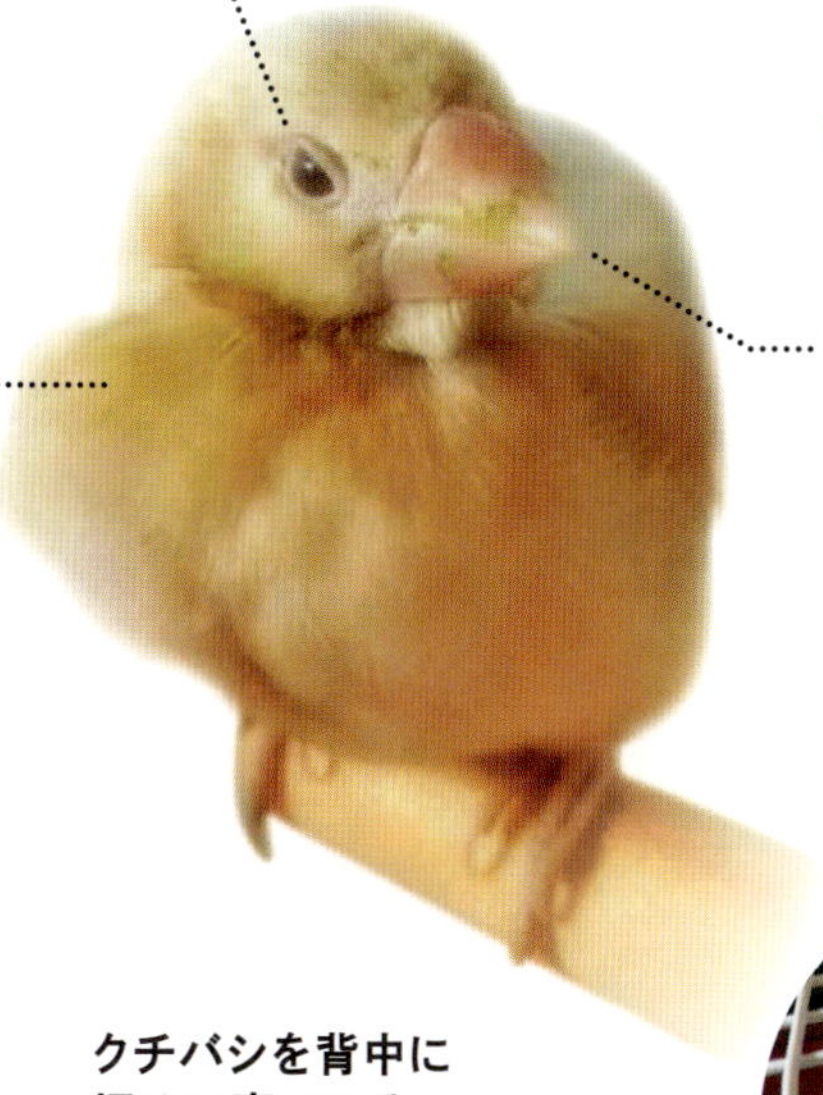

クチバシや脚の色が薄くなる

クチバシや脚には血色がそのまま表れます。寒かったり空腹だと白っぽい色に、酸素不足(チアノーゼ)だと紫っぽい色になります。

まだ羽毛が生えそろっていない幼いヒナでも、寒いと羽軸(うじく)が立っています。いわゆる「鳥肌」の状態です。

クチバシを背中に埋めて寝ている

寒いと顔からの放熱を防ぐために、クチバシを背中の羽毛にうずめて眠ります。片脚を羽毛の中に入れて眠ることも。

一生の習慣を決める

幼鳥時代は貴重な学習期

一生を左右する学習期をしっかり過ごそう

幼鳥期である4週齢から11週齢頃までは「学習期」とも呼ばれます。この時期は、いろいろなものに初めて出会い、覚えていく時期。警戒心も少ないので、物事に慣れさせるのに最適の時期なのです。ひとり餌に慣らすのはもちろんのこと、動物病院に連れて行くときに欠かせないキャリーや、健康管理のための保定や爪切り、水浴びや放鳥にも慣らしましょう。成鳥になって初めて保定や爪切りをされた文鳥は、飼い主さんに裏切られた気持ちになってしばらく逃げまわることもありますから、学習期にぜひ慣れさせておきたいもの

ケージに慣らす

止まり木にとまれるようになったら、日中は保温したケージの中で過ごさせます。ほとんどの文鳥はスムーズにケージに慣れることができますが、なかには今までと同じように底で眠ろうとする子も。そういう場合は寒くないように底網の上に新聞紙を敷き、ティッシュペーパーを巣材のように軽く丸めて置いておくと、安心して眠ることができます。5週齢からは夜もケージで過ごさせます。

キャリーに慣らす

動物病院へ連れて行くのに欠かせないキャリーにも慣らします。キャリーの中でしばらく過ごさせたり、入れたまま持って部屋の中を歩いたりします。

⇒136ページ

です。

逆に、「覚えてほしくないこと」は、この時期に行わないことが肝心。例えば興味本位で人の食べ物をあげてしまうと、その後もずっと文鳥は人の食べ物を食べたがるようになります。文鳥にとって危険な食べ物もあるので事故につながりますし、我慢を強いることになるのでストレスです。ほかに、キッチンや風呂場、トイレなど事故の恐れがある場所には連れて行かないのも大切です。

学習期に
覚えたことは
一生忘れないよ

保定に慣らす

保定できないと、爪切りや薬の投与ができません。写真のように人差し指と中指で文鳥の首を挟み、文鳥の脚が指にとまる形になっていたらOK。動物病院などでレクチャーしてもらうとよいでしょう。

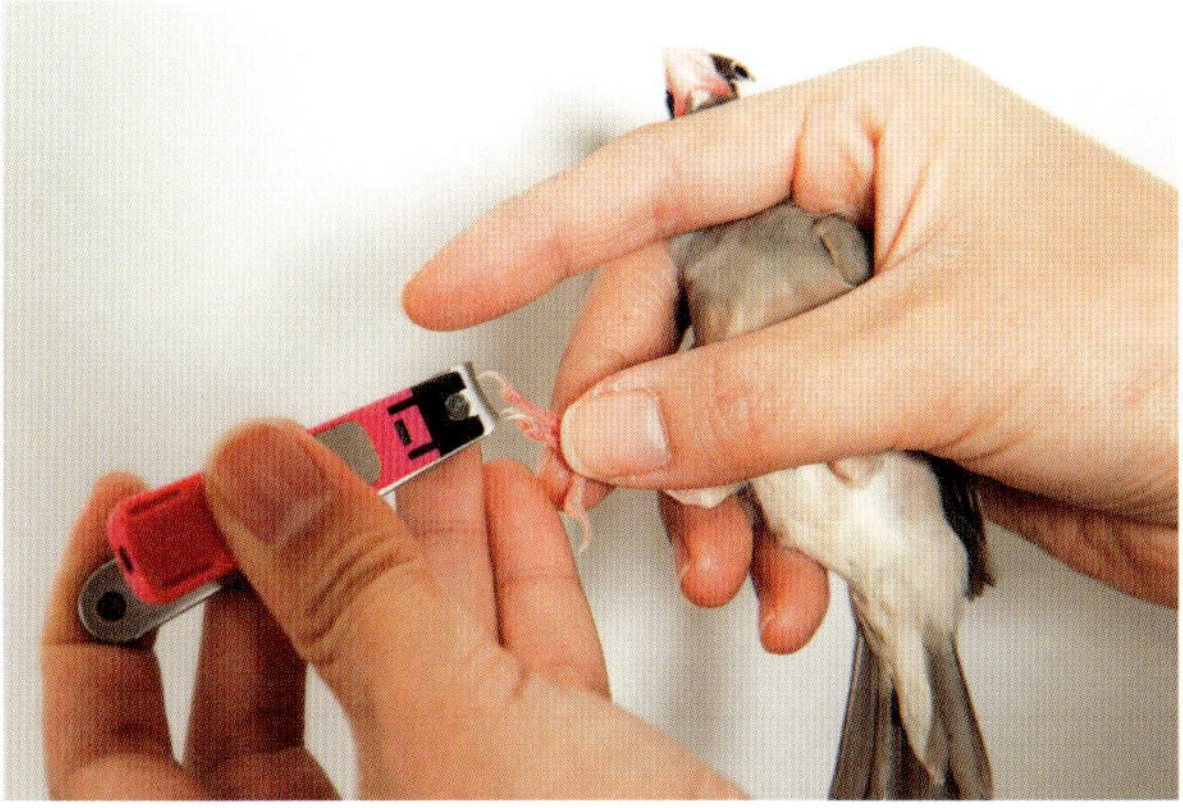

爪切りに慣らす

爪切りが必要になるのはほとんどの場合3歳以降ですが、いざ必要になったときのために学習期に慣らしておきます。爪が伸びていなければ、切る真似だけでよいので行います。

⇒134ページ

水浴びに慣らす

体の清潔を保つために水浴びは欠かせません。「風邪をひいてはいけないから」とこの時期に水浴びをさせないでいると、一生水浴びをしない文鳥になることもあるので注意しましょう。

水浴び器を用意するだけで、普通は自然に水浴びを始めます。最初は水は少なめにしておきましょう。無理に水浴び器に入れようとするのはNG。「水浴びは嫌なもの」と覚えてしまいます。

明るい日差しがあると、キラキラ光る水面に興味を引かれて水浴↘

びを始める文鳥が多いようです。意を決して飛び込んではすぐ出る、という行動をくり返すうちに、本格的な水浴びを覚えていきます。

寒くないように、ケージの保温はしっかりと。放鳥中にケージの外で水浴びさせる場合は、暖房で部屋の温度も上げておきましょう。

アフターケアもしっかり

ヒナの羽毛はあまり水を弾かないため、水浴びすると皮膚までびしょぬれに。羽ばたいて水を飛ばすという方法もまだわからず、濡れたまま震えていることもあります。乾くまでケージ内の温度を上げてあげましょう。自分で乾かす方法を覚えるまでは、水浴びは飼い主さんが家にいるときだけにします。ドライヤーで乾かすのは危険なのでNGです。

手のひらでの水浴びは

洗面所などで飼い主さんが手のひらでプールを作って、その中で水浴びするのを好む文鳥も多いです。楽しいひとときですが、「手のひらでなければ水浴びしない」文鳥にしないよう、水浴び器での水浴びも覚えさせましょう。

放鳥に慣らす

飛べるようになったら、部屋の中で放鳥してかまいません。ただし、窓や鏡は必ず布などで覆うこと。幼い文鳥は「その先に飛んで行ける」と思ってぶつかってしまうことがあるのです。また、毎日同じ時間に放鳥させると、待っている時間も「○時になったら外で遊べる」と楽しみに待つことができます。

放鳥について詳しくは⇒102ページ

Column

幼鳥の成長を促す日光浴

体と心の成長に欠かせないもの

幼鳥期の日光浴は、体と心の成長に欠かせないホルモンを分泌するためにとても重要です。窓辺の明るいケージと奥の暗めのケージでは、ヒナ換羽の始まりに1か月以上の差が出ることもあるのです。初めての水浴びもさえずりも、日光浴中が多いですし、ひとり餌を覚えないのも、日光不足が原因のことがあります。

暑さや寒さなどの危険がなければ、窓を開けて1日30分ほど日光浴をさせましょう。午前中の日光が効果的です。寒さなどが心配な場合は、ケージを保温しながら窓ガラス越しに1時間程度日光浴を。光の刺激があればよいので、直射日光にはそれほどこだわりません。

手乗りにしたいなら学習期に

文鳥が求めるのは「親の愛」ではなく「恋愛」

学習期（幼鳥期）で、文鳥の「好きなもの、嫌いなもの」が決まります。それは「人」に対しても同じです。この時期に好きになってもらえれば、それは一生変わりません。ですから、学習期になるべく一緒に過ごして、優しく接することが大切です。

ありがちなのが、挿し餌の時期に四六時中面倒を見ていたため、少し手が離れた幼鳥期に気が抜けて、あまり一緒にいないこと。この時期に放っておくと、文鳥の気持ちはあなたからどんどん離れて行ってしまいます。

「挿し餌で育てたんだから、当然自分のことは慕ってくれるだろう」と思うのは間違い。人間が挿し餌をするのは、文鳥が人に馴れるためには必要なことですが、それは「人」でありさえすれば誰でもよいのです。あなたが一生懸命挿し餌をして育てたとしても、学習期にあなたよりほかの人が文鳥に優しく接していれば、文鳥が選ぶのは後者です。文鳥が人を好きになるのは「親子関係」だからではありません。「恋愛感情」が必要なのです。

やんちゃな文鳥にひたすら寛容に接して

幼鳥期のヒナは元気いっぱいで、顔の周りに寄ってきてはしつこく皮膚をかんだり、換羽でイライラして威嚇してきたりします。しかし、このようなときに決して大声で怒鳴ったり、追い払ったりしないでください。反撃せず、あくまで優しい態度で接する姿を見て、文鳥は「自分のことが好きなのかな?」と思い始めます。そして学習期にそれが定着すれば、一生あなたを愛してくれるようになるのです。

学習期にあなたをパートナーと決めた文鳥は、もちろん手乗りになります。パートナーがほかにいる文鳥でも、人に気を許している文鳥は手乗りになります。

文鳥好き必読！

文鳥が登場するBOOK&COMIC

『文鳥・夢十夜』
夏目漱石著／新潮文庫

白文鳥を飼うが、儚く死んでしまうまでを淡々と描いた短編小説。明治時代の文鳥の表現「千代々々と鳴く」「瞼の周囲に細い淡紅色の絹糸を縫い附けた様な筋が入っている」などが興味深い。

『私の「漱石」と「龍之介」』
内田百閒著／ちくま文庫

動物好きの内田百閒が、手乗り文鳥を連れて漱石の家へ遊びに行くエッセイ「漱石山房の夜の文鳥」が収録されている。自分に馴れた文鳥のふるまいに皆が驚き、得意げなようすが楽しい。

『ぼくの小鳥ちゃん』
江國香織著／新潮文庫

「ぼく」の部屋にある日突然「まっしろで、くちばしと、いらくさのようにきゃしゃな脚だけが濃いピンク色」の小鳥ちゃんが舞い込み、一緒に暮らし始めるお話。絵本のような挿絵も素敵な一冊。

『とにかく散歩いたしましょう』
小川洋子著／毎日新聞社

動物好きの著者のエッセイ集。芸術選奨文部科学大臣賞を受賞した小説『ことり』を書くために飼い始めた桜文鳥のブンちゃんとの日々が収められている。

『文鳥様と私』
今市子作／青泉社

作者が飼っている文鳥との日々を描いたノンフィクションマンガ。ナルシスト、高飛車などキャラの立った文鳥たちが巻き起こす愛と笑いと涙の日々。文鳥飼いならハマること必至！

『鳩胸退屈文鳥』
汐崎隼作／イーフェニックス

今市子氏のもとでアシスタントを務めた作者が、ヒナをゆずり受け、育てる日々を描くノンフィクションマンガ。ベタ馴れ文鳥あわたんへの溺愛ぶりに「あるある」とうなずいてしまう。

part 5

成鳥の
快適な暮らし方

文鳥に快適な暮らしをしてもらうためには、危険のない環境や
正しい食生活、毎日の水浴びや放鳥が欠かせません。
成鳥になった文鳥の基本の飼い方をお伝えします。

ケージの置き場所

こんな場所で暮らしたい

人が過ごすリビングに文鳥のケージを置こう

文鳥のケージは、飼い主さんが過ごすことの多い部屋に置きましょう。あまり行かない部屋に置いてしまうと文鳥のようすに目が行き届きにくいですし、人に馴れた文鳥は、飼い主さんが見える場所にいたいものです。そういった意味で、リビングに置くのが最適でしょう。

ベランダや玄関などは適しません。台所は水替えなどのお世話がしやすいですが、火気などの危険があるため避けたほうが安全。多頭飼いをする際は、仲の悪い文鳥どうしのケージを離すことも大切です。

Memo

こんな場所はNG

× 部屋のまん中

四方八方から見られる場所は落ち着きません。自然界では捕食される立場の文鳥にとっては恐怖です。

× エアコンの風が直接当たる

エアコンは必要ですが、風が直接当たるのは負担。位置が変えられない場合は、風向きを変えるグッズを使用して。

× テレビやステレオのそば

なるべく静かな場所が◎。特に夜になっても音がうるさいと寝られません。

× 犬や猫などほかの動物がいる

実際に襲われることがなくても、天敵の動物がそばにいるだけで、文鳥にとってはストレスです。

ケージの一面は壁に接している

ケージの後ろや横が壁に接していると落ち着けます。難しい場合は後ろ側を布で覆うなどして落ち着ける空間を作りましょう。

EXIT

ドアから離れている

ドアのそばは開け閉めの音がしたり、開け閉めで風が巻き起こる、突然人が出てくるなど、ストレスの多い場所です。なるべく離れたところにするのが◎。

適度な日当たり

昼間は明るく、夜は暗いという環境が文鳥の健康には大切です。ただし長時間直射日光が当たるような場所は暑くなりすぎる恐れが。明るいけれども直射日光が当たらない場所が◎。

部屋の中が見渡せる

ケージの中にいるときも、文鳥は飼い主さんのやっていることを見ていたいもの。飼い主さんが食事すれば一緒に食事するというふうに、生活をともにしているのです。

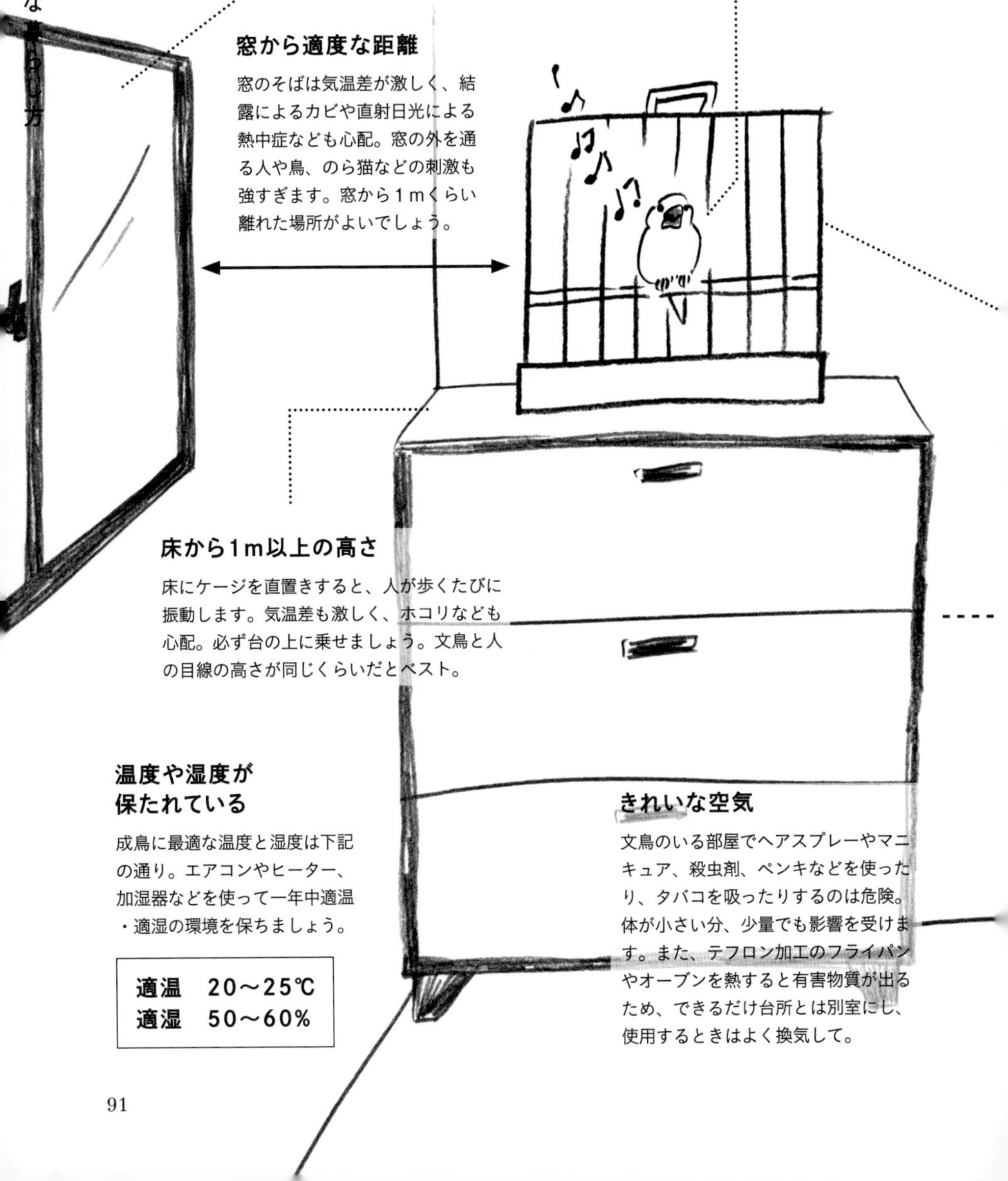

窓から適度な距離

窓のそばは気温差が激しく、結露によるカビや直射日光による熱中症なども心配。窓の外を通る人や鳥、のら猫などの刺激も強すぎます。窓から１ｍくらい離れた場所がよいでしょう。

床から1m以上の高さ

床にケージを直置きすると、人が歩くたびに振動します。気温差も激しく、ホコリなども心配。必ず台の上に乗せましょう。文鳥と人の目線の高さが同じくらいだとベスト。

温度や湿度が保たれている

成鳥に最適な温度と湿度は下記の通り。エアコンやヒーター、加湿器などを使って一年中適温・適湿の環境を保ちましょう。

適温	20～25℃
適湿	50～60%

きれいな空気

文鳥のいる部屋でヘアスプレーやマニキュア、殺虫剤、ペンキなどを使ったり、タバコを吸ったりするのは危険。体が小さい分、少量でも影響を受けます。また、テフロン加工のフライパンやオーブンを熱すると有害物質が出るため、できるだけ台所とは別室にし、使用するときはよく換気して。

飼い主さんのケージセッティング例

ストックのエサなど

ゴミをすぐ捨てられるようゴミ箱

拭き掃除用のトイレットペーパー

ケージ底のトレイのストック（掃除のときに取り換える）

放鳥中の文鳥の遊び場

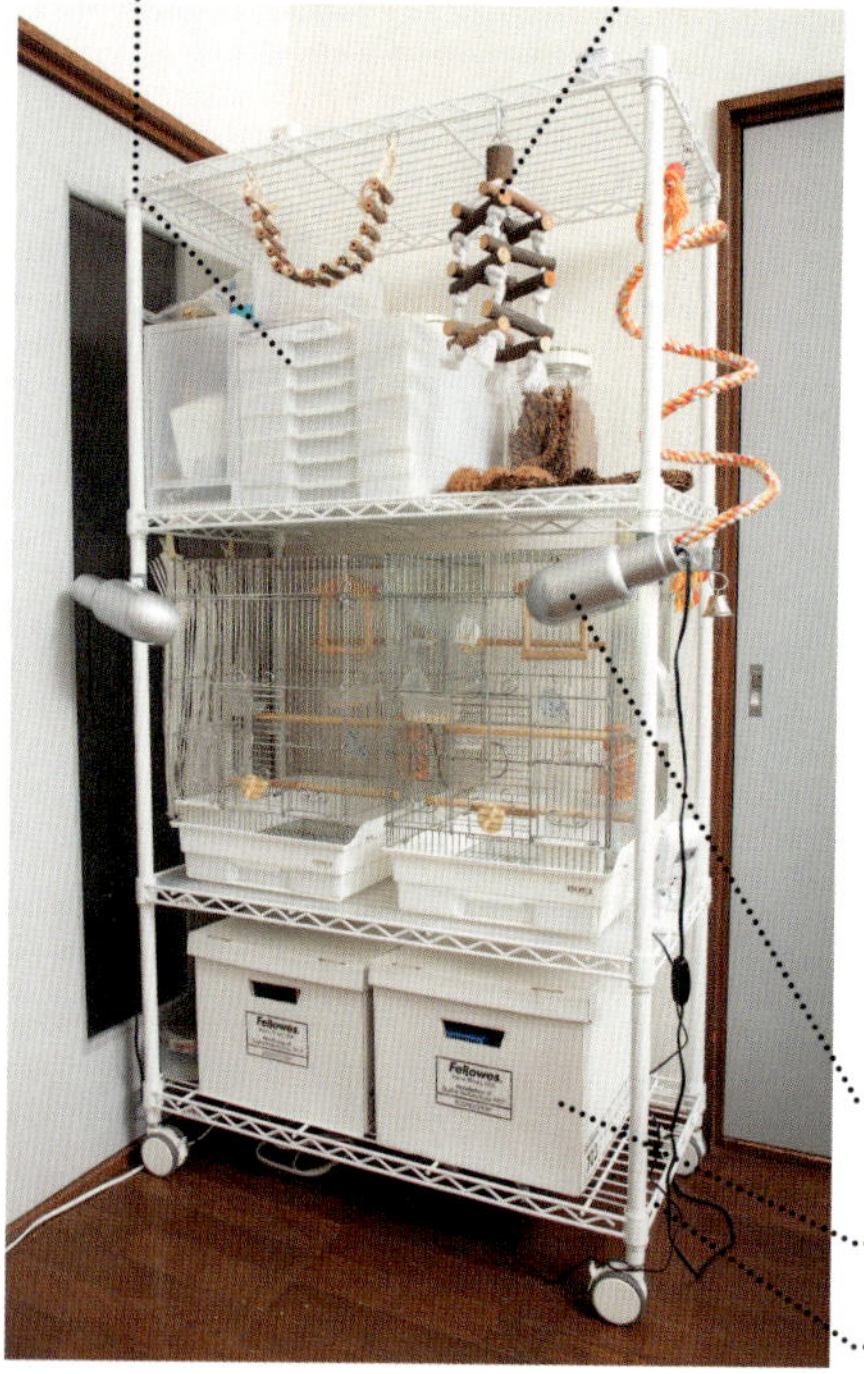

太陽光と同じ光を出すフルスペクトルライト

文鳥用グッズ入れ

キャスターつきのラック

ストックのエサ

ケージカバー

水浴び用ボウル

掃除道具

キャスターつきの棚（日当たりなどによって移動）

毎日の掃除で清潔な環境を保とう

ケージを清潔に保つのは文鳥の健康を保つために欠かせないことです。掃除しやすいように道具を揃えたり、あらかじめ敷き紙をケージ底の大きさに折っておくなどして、お世話しやすい工夫を。エサ入れや水入れ、木製の止まり木などは複数用意しておくと、洗って乾かしている間文鳥を待たせずに済みますし、壊れたとき、新しいグッズに文鳥がおびえることがありません。

【 週に1回 】

ケージや止まり木を洗う

ケージやプラスチック製止まり木は、中性洗剤または哺乳瓶用消毒剤で洗い、水でよく洗い流します。木製の止まり木の汚れがひどいときは熱湯消毒を。洗っている間は文鳥をキャリーなどに移動させます。

エサ入れ、ボレー粉入れを水洗い

【 毎日 】

敷き紙を取り換える

ペットシーツもおすすめ

水分を吸収する犬猫用のペットシーツもおすすめ。薄めのタイプを折って使用します。切ると中の吸水ゼリーを文鳥が食べてしまうかもしれないので、折って使用して。

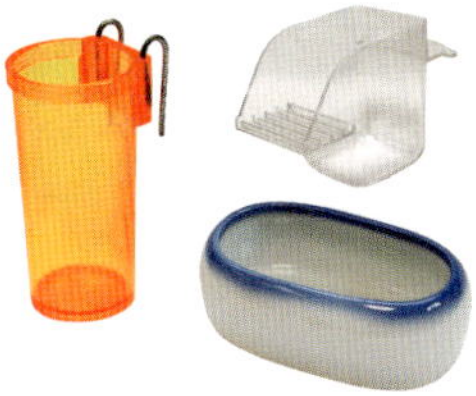

水入れ、水浴び器、菜差しを水洗い

洗って新鮮な水に毎日取り換えます。陶器のものは雑菌が繁殖しにくいです。

底網を拭く

フンや水で汚れたままだとサビやすくなるので、濡れた布などでさっと拭いておくと◎。

主食と副食を毎日

正しい食生活で健康な毎日を

文鳥の主食は混合シードかペレットです。一日一回、時間を決めて与えます。混合シードの場合、それだけでは栄養が足りないので、副食として野菜も毎日与えます。また、ミネラル補給のために鳥用サプリメントかボレー粉も必要です。ペレットは総合栄養食なので副食は必要ありませんが、嗜好性が低く食べない文鳥もいます。

ほかに、お楽しみのおやつとして果物を週に一度ほど与えるとよいでしょう。野菜や果物は文鳥にとって危険なものもあるので、安全とわかっているものだけを与えてください。

主食

混合シード

文鳥本来の食性に合ったエサ

文鳥は野生では植物の種子を好んで食べます。あわ、ヒエ、キビ、カナリーシードの４種がベースになった混合シードは、本来の食性に合った主食です。

選び方

皮つきを選ぶ

皮をむいた「むき餌」も市販されていますが、クチバシで皮をむいて食べるのが本来の食性ですし、皮に近い部分は栄養価が高いです。

食べ残しも確認

混合シードは青米や麻の実を追加したものなど、商品によって特徴があります。文鳥によっては青米を食べられない子がいたりするので、食べ残しや食べているようすを確認し、その子に合った商品を選びましょう。

与え方

1日7～8gを与える

必要な量は約５ｇですが、文鳥はエサをまき散らしてしまうので、その分も含めると７～８ｇが適当。ただし、食事の必要量は年齢や運動量によって異なります。食べ盛りの１歳未満は10ｇ以上必要だったり、４歳を過ぎると５ｇ以下になることも。体重の変動をチェックしながら獣医さんと相談して量を決めるのがベストです。

前日のエサは捨て、新しいエサを入れる

まだ残っていると思ってそのままにしていたら、実は皮だけだったというミスは起こりがちなもの。食べ残しの量をチェックするためにも、必ず毎日取り換えて。

主食 ペレット

必要な栄養をすべてまかなえる総合栄養食

フレーク状になったエサで、これさえ食べておけば野菜などの副食も必要ありません。病気用の療法食もあります。将来、体調を崩したり老鳥になったときのために、慣れさせておくとよいでしょう。

選び方

フィンチ用を選ぶ

「フィンチ用」「文鳥用」と表示されているものを選んでください。フレークの大きさや栄養素などがフィンチ向けに考慮されています。

与え方

1日7～8gを与える

必要量の目安は５ｇ。まき散らす量をプラスすると７～８ｇになります。パッケージの説明を読み、獣医さんと相談して量を決めると安心です。

副食 野菜

ビタミン補給のために毎日用意

文鳥は野生では植物の葉や若い芽なども食します。主にビタミンの補給のために、シードと合わせて毎日与えることが必要です。

与え方

ある程度のカタマリを与える

文鳥はある程度のカタマリを自分でかじり取って食べるのが好きです。「食べやすいように」とあらかじめ小さく切って与えるより、青菜なら葉１枚、ニンジンならスライス１枚をそのまま与えましょう。

選び方

できるだけ無農薬のものを

人間には無害の農薬量でも、小さい文鳥にとっては影響が心配です。できるだけ無農薬のものを選び、与える前に念入りに水洗いを。自宅で無農薬栽培するのもおすすめ。豆苗などは簡単に育ちますし、小松菜なども若芽で与えてOKです。

お昼頃に与えるのがベスト

朝一番は野菜でなくシードを食べます。そのため野菜は昼頃与えると、瑞々しいものを味わえます。日中は不在なら朝や夕方でかまいませんが、就寝前は避けて。野菜の水分で体が冷えてしまいます。

【 こんなものを与えよう 】

ニンジン

※豆や根以外の部分を与えます

豆苗

小松菜

パセリ

チンゲン菜

【 与えてはダメなもの 】

- ホウレンソウ
- ツルムラサキ
- 明日葉　・モロヘイヤ
- オクラ　・タケノコ　など

ホウレンソウやタケノコなどシュウ酸が多い野菜は避けて。粘り気の多いツルムラサキや明日葉、モロヘイヤ、オクラなどはそのう炎（144ページ）を起こす恐れが。レタスやキャベツ、キュウリなども水分が多すぎるので少量に。

副食 果物

お楽しみとして週に1回程度

フルーツもビタミン豊富ですが、糖分も高いため毎日だと過剰になってしまいます。週に1回程度、おやつとして与えるくらいがよいでしょう。好んで食べなければ無理に与える必要はありません。

選び方

旬のもので完熟したもの

栄養価が高い旬のものを選びます。未成熟のフルーツには毒性をもつものもあるため、必ず完熟したものを与えましょう。

与え方

種は取り除いて

リンゴなどの種を食べてしまうと中毒を起こす恐れが。基本的に種は取り除いてから与えたほうが安心です。野菜と同じようにある程度のカタマリで与えます。

【 こんなものを与えよう 】

イチゴ

リンゴ

温州ミカン

【 与えてはダメなもの 】

- 桃　・アンズ　・ビワ
- パイナップル　・パパイヤ
- キウイ　・マンゴー
- アボカド

桃やアンズ、ビワ、アボカドは中毒を起こす恐れが。パイナップルやパパイヤ、キウイ、マンゴーなどは汁液で皮膚炎を起こす恐れがあります。スイカも文鳥は好みますが、水分が多いので少量にとどめましょう。

Column

鮮やかな色を怖がることも

フルーツは赤やオレンジなど鮮やかな色のものが多いので、見たことがないと怖がって近づかない文鳥も。学習期に与えておくとスムーズです。

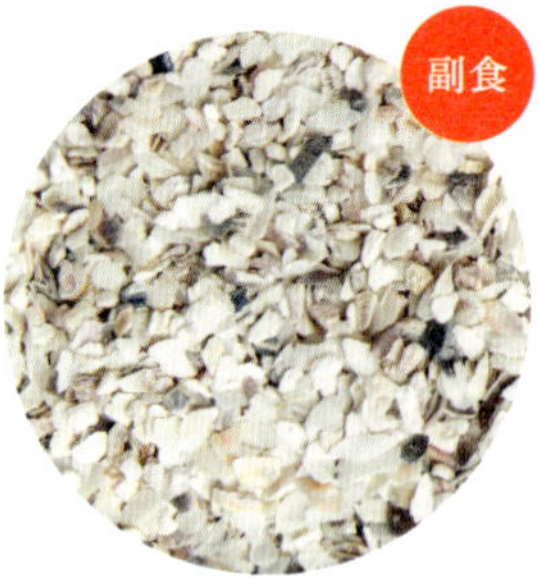

副食 ボレー粉

カルシウムの補給源

牡蠣の殻を砕いて細かくしたボレー粉は、古くからカルシウムなどのミネラル補給として使われてきました。

選び方

フィンチ用の小さめサイズを

インコ用の大きめのものは文鳥には食べにくいもの。「フィンチ用」「文鳥用」「小鳥用」などと表示されている小さめサイズのものを選びましょう。

与え方

1日10粒ほどを毎日

１日10粒ほどを目安にボレー粉入れに入れ、３日に１回程度取り換えます。そのままにしておくと湿気るので注意。毎日シードに混ぜて与えてもかまいません。

副食 ミネラル補給のサプリメント

ボレー粉より効率的に摂取できる

本書ではボレー粉より鳥用サプリメントによるミネラル摂取を推奨します。ボレー粉より効率的にミネラル補給できると考えられています。

与え方

少量を毎日与える

製品によって異なりますが、写真の「ネクトンMSA」では少量（必要量は0.1ｇ未満）をシードや野菜にサッと振りかけて与えます。

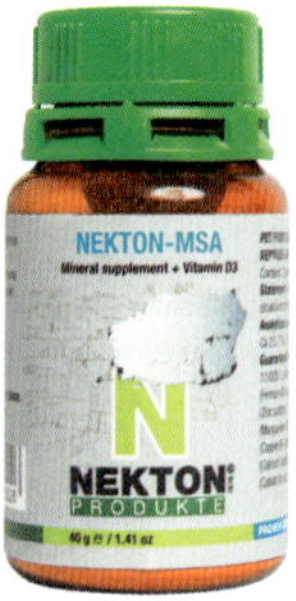

Check!

飲み水に硬水は使わないで

文鳥に毎日与える飲み水は水道水でかまいません。市販の水を与える場合は硬水でなく軟水を与えましょう。ミネラル豊富な硬水を与えると下痢を起こす恐れがあります。日本の水もインドネシアの水もほとんどが軟水です。

あわ穂が好きな文鳥には、短く切ったあわ穂を週に一度ほどおやつとして与えても。ただし太り気味の文鳥には控えましょう。

Q 青菜を食べてくれません

A 年を取ると食べることも

挿し餌に青菜を混ぜておくと青菜も好んで食べるようになりますが、まれに興味を示さない文鳥も。野菜の種類を変えてみたり、購入先を変えると食べることがあります。それでも食べなければ、代わりに鳥用のビタミン剤を与えたり、温州みかんを週1回ほど与えてみましょう。若い頃は青菜を食べなかった文鳥でも、4歳を過ぎる頃には食べることが多いです。食べなくても定期的に与えてみましょう。

飲み水に溶かして与える鳥用総合ビタミン剤。疲労回復などにも役立ちます。健康に問題がなくても毎日与えてかまいません。

Q 混合シードの中のカナリーシードばかり選んで食べます

A 食事量を見直しましょう

嗜好性の高いカナリーシードだけ食べてほかのシードを残すのは、シード全体の量が多すぎる可能性が。適正量であればカナリーシード以外のシードも食べないとおなかが減るはずです。食事量を見直しましょう。

Q 主食をほかの商品に替えたら食べなくなりました

A 徐々に切り替えて

いきなり新しいエサに替えるのではなく、新旧両方のエサを出す期間を作って。両方足して適正量になるようにすれば、今までのエサだけでは足りないので新しいエサも食べだします。

Q いま話題の「フォージング」って何？

A 食で生活に刺激を与えること

野生では動物は苦労してエサをとります。エサを与えられるペットの生活は安心ではあるものの、退屈な一面も。そこで、ペットにもエサをとるための工夫をさせ、とれた喜びを与えようというのがフォージングです。文鳥の場合はエサをテーブルなどにばらまいて食べさせたり、遊びの一環としてエサを探させるなどの工夫が考えられます。

フジオ＆フジコさん家（49ページ）では、おもちゃの観覧車の中にエサを入れ、探して食べさせるという遊びを取り入れています。

健康を保つ習慣

水浴びと日光浴

毎日の水浴びで健康的な生活を

文鳥に水浴びは欠かせません。野生では高温多湿の環境で暮らしているので、羽毛についた寄生虫などを取り除き、体を清潔に保つために欠かせない行為なのです。水浴びのできない環境にいると、ストレスで毛引き（147ページ参照）を始めてしまう文鳥も。毎日水浴びができるようにしてあげましょう。全身を使ってバタバタとダイナミックに動くので、ペットの文鳥にとってはいい運動とストレス解消になります。

できればケージに水浴び器を設置しておき、いつでも気が向いたときに水浴びできるようにしておきます。放鳥中にケージの外で水浴びさせてもかまいませんが、必ず一日一回は行いましょう。「冬場や換羽中の水浴びはよくないのでは」という心配は無用。無理にさせる必要はありませんが、文鳥がしたいならさせて大丈夫です。

Memo

お湯での水浴びはNG！

冬場などに水浴びさせるとき、「寒そうだから」といってお湯を用意するのはNG。文鳥の羽毛は尾脂腺から出る脂でコーティングされていて水を弾きますが、お湯だと脂が取れてしまい、皮膚まで濡れて体温を下げることになってしまいます。冬場でも水を用意し、寒そうなら室温を上げて対応してください。

屋外での日光浴は危険をともなうことも。明るい部屋で過ごさせ、時々窓を開けるだけでも十分です。

日光浴でビタミン生成とホルモンバランスの調整を

日光浴というと、直射日光を浴びることを想像するかと思います。もちろん、暑さや寒さ、ほかの動物に襲われるなどの危険がなければそういった日光浴をさせてもよいですが、毎日行うのは難しいところ。実際はもっと簡単で、日中明かりをつけなくても明るい部屋で過ごさせつつ、気候のよいときに時々窓を開ければＯＫなのです。

そもそも、日光浴には２つの目的があります。ひとつはホルモンバランスの調整。これは窓ガラスを通過する可視光線（いわゆる光）が行いますが、昼間の明るい部屋であれば、直射日光でなくても届いています。

もうひとつはビタミンD_3の生成。これは骨の健康維持に必要です。これにはＵＶ-Ｂという紫外線が必要ですが、これは窓ガラスを通過できないため、昼間、部屋の窓を開ける必要があります。こちらも直射日光でなくてかまいません。

寒い時期は無理に窓を開けなくて大丈夫。寒さで体調を崩すことのほうが心配です。なかなか開けられないときはビタミン剤などで補いましょう。

Column

フルスペクトルライトを使うときは

どうしても暗い部屋にしかケージを置けないときは、太陽光と同じ光を出すフルスペクトルライトを使ってみましょう。なるべくケージに近い位置に取りつけ、日の出と日の入りに合わせてON／OFFすることが望ましいです。

放鳥の時間をもとう

一日のなかで最も楽しい放鳥の時間

部屋の中で自由に遊ばせる「放鳥」は、飼い主さんとのコミュニケーションの時間であることはもちろん、文鳥にとって欠かせない運動と遊びの時間です。飛ぶことで大胸筋が鍛えられ、健康な体を保つことができます。

扱いやすいようにと風切り羽根を切ってしまう人がいますが、文鳥にとっては悲しいこと。飛べなくなった文鳥は筋肉が落ちていき、太りやすくなります。またうまく飛べないためにケガをしてしまったり、ビクビクしたり怒りっぽくなることもあります。飛ぶことは心身の健康に必要なのです。

Rule 1 放鳥中は人がずっと目で追う

用意周到に部屋を整えていても、何が起きるかわかりません。ほかのことに集中している飼い主さんが、文鳥を踏んでしまう事故はとても多いのです。

Rule 2 毎日30分～1時間

放鳥時間は30分から１時間が◎。それ以上長いと文鳥が空腹になりますし、人も集中が続きません。毎日なるべく同じ時間に放鳥しましょう。

Rule 3 仲の悪い文鳥どうしは一緒に放鳥しない

ケンカして致命傷を負ったり、逃げようとした文鳥が窓ガラスにぶつかるなど、事故が起きてしまう危険があります。

Rule 4 手に乗せてから出すとgood

手乗りなら、手に乗せたあとに放鳥という習慣をつけると、うっかりケージの入り口が開いていても出ず、迷子になるのを防げます。

Rule 5 必ず部屋を整えてから出す

ドアや窓を閉めておくなど、完全に部屋を整えてから放鳥するのは絶対のルール。左ページを参考にしてください。

観葉植物や花は置かない

文鳥が食べたり触れたりすると危険な植物はたくさんあります。下はあくまで一例。基本的に植物は文鳥のいる場所に置かないで。

- スズラン
- 朝顔
- チューリップ
- アジサイ
- 水仙
  など文鳥に危険な植物はたくさん

ドアや窓は閉める

外に飛び出してしまわないための最重要ルール。家族がいるときは突然開けられないよう、ドアに張り紙をするなどして防ぎます。

キッチンには入れない

火気のある台所には入れないのが一番。ワンルームなどの場合は調理中に放鳥しないのはもちろん、食材や調味料などもしまって。風呂場やトイレなども危険です。

扇風機や換気扇はカバーをつける

ファンに巻き込まれたら大変です。専用のカバーをつけて防ぎましょう。

家具のすき間はできるだけ作らない

人の手が届かないせまいすき間に文鳥が入り込むと大変。せまい場所は文鳥が巣と感じて発情する恐れも。

危険なものはすべて片づける

右は部屋にありがちな危険なもの。カーテンの重りなどに使われている鉛製品も中毒を起こすので注意。

- タバコ
- チョコレート
- ココア
- 洗剤
- アルコール
- 接着剤
- 殺虫剤
- 化粧品 など

窓や鏡は布で覆う

その先に飛んで行けると思ってぶつかる恐れが。成鳥でも何かに驚いた拍子にぶつかる危険があります。

放鳥したあと、なかなかケージに帰ってくれないとき

放鳥中、ケージの扉を開けっ放しにしておけば、やがて文鳥はおなかが空き、ケージに戻ってエサを食べたがるもの。ケージの外でエサを食べさせていると、おなかが空かずに帰らない場合があります。

また、そういうとき、文鳥を追いかけてつかまえようとするのはＮＧ。信頼している飼い主さんでも、自然界では捕食される立場の文鳥は、追いかけられると逃げたくなる習性なのです。信頼関係が壊れてしまう恐れもあります。夜なら、部屋の明かりを消して文鳥をつかまえてください。鳥目の文鳥は、一瞬何も見えなくなります。そのすきに手早くつかまえてケージに戻しましょう。文鳥自身にも何が起こったのかわからないくらい手早く済ませると、あなたへの信頼も薄れません。

Memo

放鳥中の事故に注意

人に馴れた文鳥ほど、放鳥中の事故が多くなります。飼い主さんのあとをついて歩いたり、椅子の背もたれと飼い主さんの背中の間に入ったり、寝転がっている飼い主さんに寄り添って眠り込んだり。文鳥の骨はもろく、簡単に折れてしまいます。悲しい事故を起こさないために、放鳥中は緊張感をもって過ごしてください。注意が行き届くように、一度にあまり多くの鳥を放鳥しないことも大切です。

放鳥の時間を
楽しみに
してるんだ

Column

放し飼いは幸せ？

「カゴの中の鳥はかわいそう」というイメージがあるからか、放し飼いを希望される飼い主さんがいます。しかし、文鳥の精神面からも、お世話の面からもおすすめできません。

文鳥にとってはケージは自分だけのなわばりです。ほかの者に侵害されないなわばりは落ち着ける空間です。野生の文鳥も、夜は寝床に帰ります。

また、放し飼いだとフンの状態が確認できません。保温も難しくなります。数羽で放し飼いをした場合は、エサの減り具合も確認できません。十分なお世話と健康チェックができないことになります。

部屋の中にある危険なものとの接触も心配です。文鳥の専用部屋を用意すれば危険は減らせますが、ドアの開け閉めなどの危険もあります。ケージの中で生活させ、毎日放鳥させるのが文鳥にとって最もよい暮らし方でしょう。

文鳥の探し方

迷子になってしまったら

取り乱さずに落ち着いて探そう

部屋の中で行方がわからなくなってしまった場合と、外へ出てしまった場合が考えられます。

部屋の中で行方不明になった場合は、まずテレビなどを消してできるだけ静かにしてください。文鳥がカサコソと動く音が聞こえるかもしれません。ほかの家族にも知らせ、窓を開けたりしないよう伝えましょう。

放鳥中に具合の悪くなった文鳥は、床の上にいることが多いです。ですから床の上から探し始めましょう。放鳥中に開け閉めしたなら、冷蔵庫やクローゼット、引き出しの中も探します。

「クッションの下にいることに気づかずに座ってしまった」などの事故が起こらないよう注意して。

クッションの下などに隠れていることもあるので、座る前に必ず確かめて。

外に逃げてしまってもあきらめないで

文鳥は決して「外の世界を見たい」と思って飛び出すのではありません。なわばり外の世界は恐怖でしかありません。何かのはずみで飛び出してしまっただけなので、家に帰りたいと思っています。ほかの動物などに追い立てられない限り、短時間で遠くまで飛んでいくことはないため、まずは近所を徹底的に捜索しましょう。家に帰りたいあまり、近所の家に飛び込む文鳥もいるので、近所の方に聞いてみるのも得策です。なるべく早く探し始めることが肝心ですが、数日探し回って見つからなかったとしてもあきらめないでください。行方不明になってから数か月後に、保護してくれた人を見つけて再会できた例もあります。

愛する文鳥と消息不明で別れてしまう飼い主さんの後悔と悲しみは大きいもの。窓やドアの閉め忘れには十分すぎるほど注意しましょう。

外に出てしまった文鳥の探し方

①近所を徹底的に探す

文鳥が戻ったときに入れるよう、自宅の窓は開けておき、入り口を開けたケージを窓から見えるところに置いておきます。そして自宅の周囲を一周して探します。ベランダや植え込みの中も忘れずに。近所の方や歩行者の方に文鳥を見かけなかったか聞いてみましょう。

②張り紙を作る

文鳥の写真と特徴、名前、連絡先などを記した張り紙を作ります。謝礼があるほうが積極的に見てくれるでしょう。こういうときのために文鳥の写真を撮っておくことが大切。家の近所を中心に、近くの動物病院や学校にも張らせてもらえると◎。

③インターネットを利用

迷子のペットの情報をアップできる掲示板などのページがあります。「迷子、保護、掲示板、文鳥」などのキーワードで探しましょう。鳥専門のサイトもあります。一か所だけでなくできるだけ多く掲載してもらいましょう。

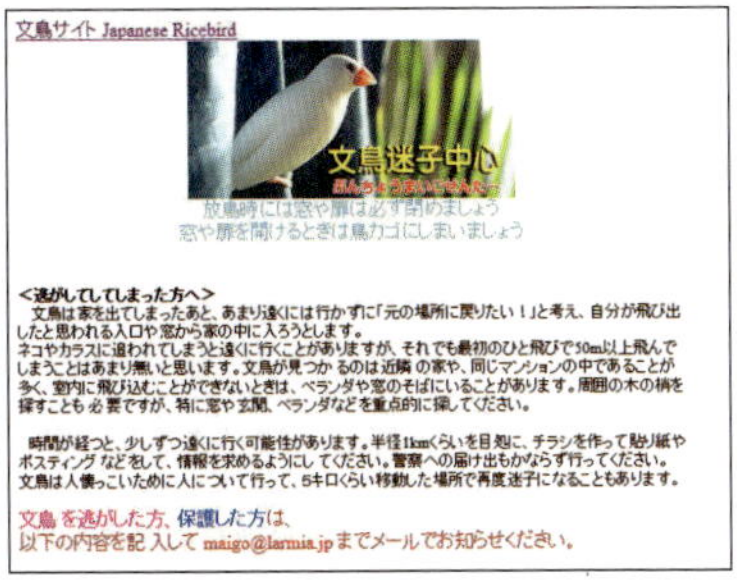
文鳥サイト Japanese Ricebird

文鳥迷子中心

放鳥時には窓や扉は必ず閉めましょう
窓や扉を開けるときは鳥カゴにしまいましょう

<逃がしてしてしまった方へ>
文鳥は家を出てしまったあと、あまり遠くには行かずに「元の場所に戻りたい！」と考え、自分が飛び出したと思われる入口や窓から家の中に入ろうとします。
ネコやカラスに追われてしまうと遠くに行くことがありますが、それでも最初のひと飛びで50m以上飛んでしまうことはあまり無いと思います。文鳥が見つか るのは近隣 の家や、同じマンションの中であることが多く、室内に飛び込むことができないときは、ベランダや窓のそばにいることがあります。周囲の木の梢を探すことも必要ですが、特に窓や玄関、ベランダなどを重点的に探してください。

時間が経つと、少しずつ遠くに行く可能性があります。半径1kmくらいを目処に、チラシを作って貼り紙やポスティングなどをして、情報を求めるようにしてください。警察への届け出もかならず行ってください。文鳥は人懐っこいために人について行って、5キロくらい移動した場所で再度迷子になることもあります。

文鳥を逃がした方、保護した方は、
以下の内容を記入して maigo@larmia.jp までメールでお知らせください。

本書監修の伊藤美代子さんが管理している、迷子になった文鳥の情報ページ。見つかった情報も掲載しています。http://larmia.jp/maigo/

④警察に届ける

警察に遺失物届を出しておけば、文鳥が拾得物として警察に届けられたときに連絡してくれます。警察に届けられても、飼い主さんが不明のままだと殺処分されてしまうことがあります。また、インターネットで警察に届けられた拾得物が見られるので、定期的にチェックしてください。

一年中快適に

季節ごとの注意点

寒暖差に注意

日中は温かくても朝晩は冷え込むなど、油断ができない時期。人が「少し肌寒い」と感じていれば、まだまだ保温が必要です。

換羽でボロボロの時期

気候がよくなってきた頃ですが、文鳥は換羽に入るため体力的にも精神的にも疲れるとき。つらそうなようすに飼い主も気が気ではありません。

湿気がありすぎも困りもの。梅雨寒にも注意

さすがに湿度70％以上だと成鳥は不快。カビや腐敗なども心配なので、除湿が必要です。また、梅雨寒だと保温が必要。お世話が難しい時期です。

猛暑日はエアコンが必要！

30℃を越えるような日はエアコンで28℃ほどに下げて。猛暑日に閉めきった部屋に置いておくと熱中症になってしまいます。留守中に窓を開けておく、凍らせたペットボトルで冷やすなどの方法はおすすめできません。

暑いと口を開けて呼吸をしたり、翼を浮かせて放熱したりするしぐさが見られます。熱中症になると命の危険があります。

暑くなるとともに、水浴びの回数も増えます。体を冷やすため、水浴び容器にずっとつかっている光景も。

Check!

年末の大掃除、窓を開け放さないで

窓を開け放しての大掃除、人間は清々しいかもしれませんが文鳥にとっては過酷。文鳥のいる部屋の大掃除は温かくなる季節まで待つなどしましょう。年末年始は動物病院もほとんどがお休み。体調を崩したら大変です。

冬

寒さと乾燥、2つの大敵への対策をしっかり

高温多湿の環境を好む文鳥にとってつらい時期です。しっかりと保温し、乾燥がひどいときは加湿器などを使って適温・適湿を保って。温湿度計で毎日チェックしましょう。

(左)ケージの周りをビニールで覆って保温。ラックの上段と下段では上段のほうが温かいです。(右)ヒヨコ電球はケージの下のほうにつけると温かい空気が上に昇ります。

秋

寒暖差に注意

暑い夏が過ぎ、過ごしやすくなってきますが、文鳥にとってはすでに寒いことも。文鳥は人と違って衣服で調整できないので注意して。

一年中、気温と湿度に気を配って

高温多湿の環境を好む文鳥にとって、一番快適な季節は梅雨が終わった頃。換羽も終了してピカピカの羽根で生き生きとしています。ですがさすがに30℃以上が続くような猛暑日はつらいもの。文鳥の故郷・インドネシアでは日中は暑くても夜は涼しく、日本のような熱帯夜はほとんどありません。暑い日にはエアコンが必要です。

通の間では常識？

文鳥用語集

【おちり】 -ochiri-

愛する文鳥の無防備なおしりをこう呼ぶ。文鳥がエサを食べるなど無防備な瞬間を狙っておしりを激写する行為が多発している。

ochiri

【おべんとう】 -obento-

エサを夢中になって食べた結果、クチバシに食べかすがついているさま。野菜や果物のおべんとうが多い。

obento

【おもち】 -omochi-

文鳥が止まり木などにおなかをつけ、丸くなっているようす。飼い主の萌えポイント。カラーによって左のように呼ぶこともある。

クリーム大福
コーヒー大福
イチゴ大福
あんこいっぱい大福？
ゴマ大福

お口パカー

-okuchi-paka-

暑くて開口呼吸をしているさま。写真はお口パカーしながらも飼い主に握られ続ける手乗り文鳥。

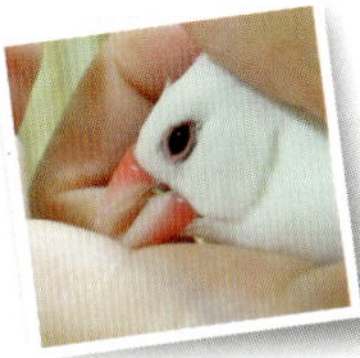

スサー

-susa-

文鳥が片方の翼と脚を伸ばすようす。朝、目覚めたときなどに初列風切り羽根に脚の爪先をかけて翼を伸ばし、ストレッチする。

谷間

-tanima-

胸から腹にかけて入る縦ライン。おなかは羽毛がなく、両側の羽毛が覆いかぶさっているため、縦ラインが入りやすい。

ツンツン

-tsun-tsun-

水浴び後に頭の羽毛が立つようす。ツッパリ(死語)風やリーゼント風など、文鳥によって個性がある。

ペンギン

-penguin-

まっすぐ立つことでペンギンぽく見えるようす。あらわになった脚のつけ根部分をモモヒキと呼ぶこともある。

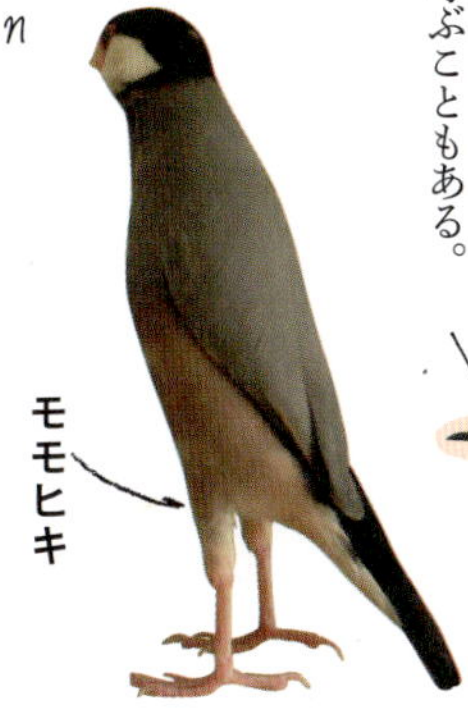

文鳥ドリル -buncho-drill-

文鳥がクチバシをドリルのようにして飼い主をぐりぐりするようす。スキンシップの強要などに対する不満を表している。皮膚に直接やられるとかなり痛い。

ぎゃるるるるぅ

モフ玉 -mofu-dama-

文鳥が羽づくろいなどで体をまるめているようす。羽毛のやわらかさとモフりたくなる愛らしさを表している。

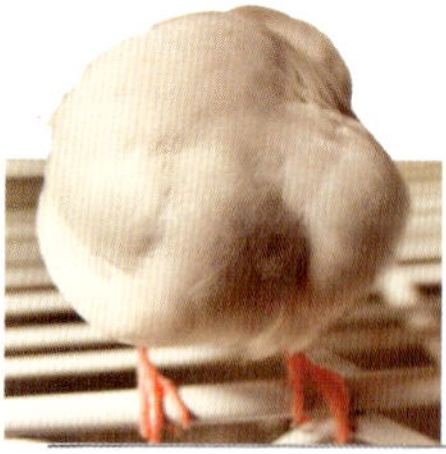

モフる -mofuru-

文鳥のやわらかい羽毛に顔をうずめたり、手で感触を味わったりすること。飼い主ならではの特権。文鳥に限らず、動物全般の被毛や羽毛を愛でるときに使う。

レモン文鳥 -lemon-buncho-

換羽期に尾羽が抜け、レモンのようなシルエットになった文鳥のこと。文鳥らしからぬフォルムになる。

握り文鳥 -nigiri-buncho-

文鳥を手で握ること、または握られるのを許してくれる文鳥を指す。「あの子は握り文鳥でうらやましい」などと使う。

あったかくて
キモチいい

part 6

文鳥との
コミュニケーション

手乗りの文鳥でも、荒鳥の文鳥でも、接し方の基本は同じ。
文鳥の心理を踏まえたうえでの接し方や遊び方など、
コミュニケーションの基本をお教えします。

文鳥とは対等な関係

文鳥を尊重し対等につきあう

文鳥の世界には上下関係はありません。行動をともにするのは愛するパートナーとだけで、嫌いな相手とは一緒に行動しない。とてもシンプルな関係です。

パートナーどうしも対等な関係です。なぜなら、文鳥はオス・メスが完全に協力しあって子育てをする動物だから。卵を産むのはもちろんメスですが、卵を温めるのもヒナにエサをやるのも、2羽で行います。そこには性別の差はありません。ですから、自分に対して高圧的な態度だったり、気を遣ってくれない相手は、パートナーに選びません。そんな相手とは子育てを完遂することはとうてい無理だからです。

人が文鳥に接するときの態度も、これにならわなければいけません。自分よりはるかに小さな存在の文鳥だからといって、偉そうにすると嫌われます。また、子ども扱いもいけません。文鳥はあなたと「対等」だと思っているのです。文鳥をかわいがりながらも、尊重して接することが大切です。

Column

接するときは服装にも注意して

手乗りの文鳥は飼い主さんの体にとまりますが、その際、脚に繊維がからまりやすい服は事故につながるので避けましょう。小さなビーズなどがついた服も、文鳥がつついて飲み込んでしまう恐れがあります。また、学習期から慣らしているなら大丈夫ですが、文鳥は基本的に派手な色や模様を怖がります。幾何学的な模様や明暗のはっきりした模様も怖がる傾向が。派手なネイルを怖がって数日間手に乗らないこともあります。

part 6

文鳥とのコミュニケーション

小さな体であなたに威嚇してくるのも、文鳥があなたと対等だと思っているから。小さな「いばりんぼう」さんをかわいがってあげましょう。

接するときの心がまえ

やってはいけないNG集

いきなり動く

自然界では捕食される立場の文鳥ですから、突然の動きには警戒してしまいます。例えばお世話のとき、いきなりケージ内に手を入れるのはNG。必ずひと声かけてから行って。ケージ内は特になわばり意識が強いので、攻撃されることもあります。

追いかける

遊んでいるつもりで追いかけるのはNG。相手が飼い主さんだとわかっていても、本能的に襲われる危険を感じてしまい逃げまどいます。触れ合いたいならじっと待つこと。あなたが好きなら自然とそばに来てくれます。

文鳥を驚かせる行為は控えて

文鳥とは対等であるものの、文鳥の習性をよく理解して接しなければいけません。自然界では文鳥は被捕食者ですから、突然の動きや追いかけられるなどの行動には恐怖を感じます。叱る、叩くなどの行為は言語道断。文鳥にとってあなたははるかに巨大なのです。優しいと思っているから仲よく接しているものの、恐怖を感じたら関係を修復するのは難しいでしょう。

　仲のよいペアは、つねに相手を気遣いながら過ごしています。仲のよいペアのように、いつでも気を配って接しましょう。

ペンの先や指先を向ける

文鳥にとってクチバシは剣先のようなもの。威嚇するときはクチバシの先をまっすぐ相手に向けます。クチバシに似た、先のとがったペン先や指先を向けるのは、文鳥にとって威嚇されたのと同じ。信頼関係を壊してしまいます。

叱る、叩く

当然のことですが、小さな体の文鳥にとって叩くなどの攻撃は絶対にNG。致命傷を負わせることになりかねません。大声を出す、振り払うなどの行動も、あなたを怖がらせる原因に。良好な関係を築きたいなら、怒るようなことがあってもじっと我慢して。

Column

人をかんでくる文鳥は

特にやんちゃな幼鳥の時期にかんでくる文鳥が多いと思います。これはクチバシを使うことを覚えた文鳥が、あらゆるものをかんで感触を知りたいという気持ちや、ケンカや巣作りの練習の一環であることが考えられます。悪気があるわけではなく、叱っても効果は期待できません。長袖を着たり首にタオルを巻くなどして防ぎましょう。この時期に優しく育てた文鳥は、温和な性格になってくれます。やがてかみグセも減っていきます。

文鳥とおしゃべりしよう

声に出してあいさつすることが大切

文鳥が鳴き声でコミュニケーションをとっていることはもうおわかりのはず。鳴いているのに、あなたが返事しないと「無視」していることになります。文鳥が鳴いてきたら必ず返事をし、あなたからも話しかけましょう。難しく考えることはありません。「チッ！」と文鳥の鳴き声を真似てもよいですし、名前を呼んでもよいですし、日本語で普通に話しかけてもよいのです。大切なのは「声に出すこと」です。

特に、「再会の喜びを分かちあう鳴き交わし」ははずせません。23ページにあるように、仲のよいペアは、ちょっと離れて再び会えたとき、「ピピピピ」「ポポポポ」と鳴き交わしをします。放鳥中に出会ったときもそうですし、同じケージで眠っていても、朝は鳴き交わしをします。怖い夜を乗り越え、再び朝を迎えられた喜びを分かちあっているのでしょう。

人も同じように、文鳥に接するたびに声をかけてください。朝は「おはよう」、夜は「おやすみ」、外出時は「いってきます」、帰ったら「ただいま」は欠かせません。単にケージの前を通り過ぎるときも声をかけましょう。それだけで文鳥は満たされるのです。

Column

待っていることもできる文鳥

ケージの中で、文鳥はずっと飼い主さんを待ちわびて寂しい気持ちでいるわけではありません。羽づくろいをしたり、歌の練習をしたりしながら自分の時間を過ごしています。それでいて帰宅時には誰よりも早く気づいて鳴いてくれたり、目が合うと「ピッ！」と鳴いて喜んでくれる、かわいい存在なのです。もちろん、文鳥との触れ合いタイムは欠かさずに！

Check!

必須のあいさつ

「おはよう」
「おやすみ」
「いってきます」
「ただいま」

文鳥は鳴き声でコミュニケーションする生き物。鳴いているのは、あなたに一生懸命話しかけているのです。それに応えましょう。

接し方

文鳥との遊び方

愛鳥の好みを探って遊び方を工夫しよう

文鳥との遊びに決まったやり方はありません。個体によって好みが違うので、飼い主さんの創意工夫が大切です。例えばリボンをつついて遊ぶのが好きな文鳥なら、いろいろなリボンを与えてみるなどです。そこからまた新しい好みがわかることもあります。ここではいろいろな飼い主さんの実例を紹介するので、参考にしてください。

成鳥になってから初めて見たものは怖がることがほとんど。ブランコに乗って遊んでほしいと思ったら、幼鳥の頃から与えておくのが得策です。特に鮮やかな色のおもちゃは怖がります。

飼い主さんたちの遊び方を紹介

階段遊び

手乗りなら必ずできる遊び。止まり木のように指を出すと、そちらに飛び移ります。何度もくり返して遊べます。

クチバシつかみ

なぜかクチバシをつかまれると喜ぶ文鳥が多いよう。自分からクチバシを指の間に突っ込んでじっとしている子もいます。キスのつもり？

鷹匠ごっこ

離れたところにいる文鳥の名前を呼び、手のひらまで飛んで来させる遊び。まるで鷹匠になった気分。パートナーの文鳥ならたいていできます。

おもちゃの引っ張りあい

ナナ★さん家ではおもちゃやティッシュの引っ張りあいをして遊んでいます。「負けないように両脚を踏ん張っている姿がかわいいです♡」。

トンネルくぐり

文鳥は何かをくぐり抜けるのが大好き。丸くした手のひらやトイレットペーパーの芯をくぐり抜ける子も。写真では紙を折ってトンネルを作っています。

遊び場を作る

（上）「自分で設計をして職人さんに作ってもらった遊び場。釘や接着剤を使わない組み木造りです」（フジオさん）、（下）「自由工作のキットでハウスを作りました」（ayuchun！さん）

おもちゃ公園を作る

その子の好きなものを集めて遊ばせる飼い主さんも。（上）「折り紙の風船を投げたり、折り鶴に威嚇したりして遊んでいます」（Happyさん）、（下）「プラケースの中におもちゃやおやつを置いてみました」（ナナ★さん）

接し方

オスとのつきあい方、メスとのつきあい方

文鳥男子は犬で文鳥女子は猫？

メスはオスを選ぶ立場にあります。ですからオスは相手に対して積極的な傾向、メスは受け身の傾向があります。

一方、新しい場所に行きたがるなどの好奇心はメスのほうが強く、危険をかえりみず気ままに探索をしたがります。オスは、そんなメスを心配しながら守るようについていく光景がよく見られます。しごく単純にいうと、オスは犬的、メスは猫的なイメージ。初めて文鳥を飼う方には、オスのほうがわかりやすいかもしれません。

人が文鳥に接するときは、オスには

性格・行動の傾向

メス♀	オス♂
・自分からは積極的にアピールしないため、人に馴れたのかわかりにくい面がある ・オスより行動が大胆で冒険好き、好奇心旺盛、気まま ・自分を優先してくれる相手が好き	・人に馴れやすい（馴れたことがわかりやすい） ・好きな相手には求愛ダンス&歌で積極アピール ・メスより敏感で繊細、警戒心が強い ・感情の起伏が激しい ・オスどうしでよく威嚇し、ケンカを起こす ・恐怖によるてんかん様発作を起こしやすい ⇒147ページ ・騒がしい相手は嫌い

気持ちよさそうに羽づくろいをしあう文鳥のペア。

メス的な態度で、メスにはオス的な態度で接したほうがうまくいくと考えられます。オスの愛情を受け止め、メスにはこちらから働きかけるのです。

メスの発情を防ぐために

メスの場合は仲よく接しつつも、無意味な発情をさせないように気をつけなければいけません。飼い主さんをパートナーとしたメスは、背中をなでられるなどの刺激で発情することがあります。すると無精卵を産み、体に大きな負担をかけます。卵詰まりを起こすと命にも関わります。

発情を避けるには、なでるなどの接触をなるべく避けること。2歳を過ぎるとあまり発情しなくなるので、それまでの辛抱です。最初に発情グセがついてしまうと、5歳を過ぎても産卵することがあるので気をつけましょう。

よく発情してしまうメスの場合には、巣や巣材になりうるものを取り去ってください。大きめのエサ入れは巣の代わりになるので小さめのものに替え、紙や布など巣材になるものは与えないでください。安心できる環境だと卵を産むので、部屋を模様替えして多少の不安感を与えるという手もあります。かわいそうな気がしますが、卵を産むよりはマシと考えましょう。

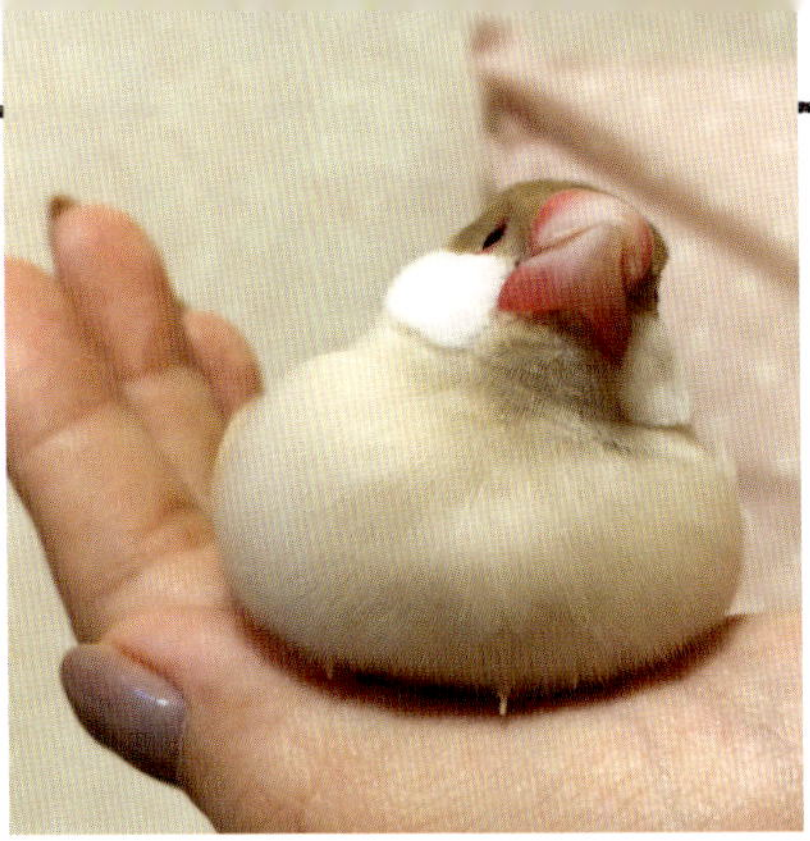

好いてくれるのはうれしいですが、産卵してしまうのは悩みのタネ。なかには目が合っただけで発情してしまうメスもいます。

Column

無精卵ができてしまったら

卵の有無は体を触ればわかります。体重も増加します。すでに卵ができてしまっていたら、産ませなければなりません。文鳥が元気なら、ケージを薄暗くして安静にさせると産卵します。本来はつぼ巣などで産卵しますが、ここで初めてつぼ巣を入れると警戒するので入れないでください。卵の殻を作るためにカルシウムが必要なので、サプリメントやボレー粉は忘れずに。卵を産めず、具合が悪そうな場合は動物病院へ急いで連れて行きましょう。

生殖器の病気は⇒145ページ

接し方

人に馴れない文鳥との接し方

「人は怖くない」ことを気長に伝えていこう

人に馴れていない鳥を「荒鳥《あらどり》」といいます。人が挿し餌で育てなかったか、学習期に人に馴れることを覚えなかった鳥です。手乗りでない鳥＝荒鳥ではありません。手に乗るのは怖いけれど、人を嫌っていない鳥はいます。

荒鳥であっても、人が飼っている以上、徐々にでも人に馴れてくれたほうが、文鳥にとっても人にとってもストレスが少なくて済みます。「人は怖くない」ことを気長に伝えていきましょう。手乗りにまではならなくとも、人間を怖がらなくなる可能性はあります。

礼儀正しく接する

114～119ページにある接し方が基本です。荒鳥は普通以上に人間を警戒しているので、さらなる徹底が必要です。お世話でケージに手を入れたときはバタバタ逃げまどうと思いますが、まず入り口に指が下向きになるように置き、しばらく待ちます。威嚇のつもりはないことを伝えるのです。それから中に手を入れると、警戒心はやや収まるでしょう。毎日優しく声をかけ、敵意がないことを伝えましょう。

Memo

ペア相手が手乗りだと荒鳥が手乗りになる可能性が

多頭飼いの場合、荒鳥とペアになってくれる文鳥がいるとよい展開が見られます。ペア相手が手乗りだと、「愛するパートナーが信頼しているのなら」と、次第に人を信頼するようになるのです。手乗りにまでなることもあります。もともと警戒心の少ないメスの荒鳥のほうが、ペア相手に影響されて手乗りになることが多いようです。

荒鳥の放鳥のしかた

荒鳥も、健康のために放鳥の時間が必要です。
ですが、警戒してなかなかケージから出てこないことも。
ここではそんな荒鳥を放鳥する方法を紹介します。

① 高い場所にケージを置き、出てくるのを待つ

人を怖がる文鳥は、ケージが人の目より高い位置にあると安心できます。まずはそこでしばらく暮らしたあと、扉を開けっ放しにしておきます。文鳥が出なくても30分で扉を閉めます。時間制限があることを教えます。これを毎日くり返します。最初はちょっと出てすぐ戻るをくり返すと思いますが、自分で戻れることがわかると安心して出てくるようになります。出てきても大騒ぎしないで無視してください。大騒ぎすると怖がって戻ってしまいます。

② 多頭飼いなら、ほかの文鳥の放鳥のようすを見せる

ほかの文鳥が楽しそうにケージの外で飛んだり遊んだりしているのを見ると、それに刺激されて「出たい」という気持ちが強まります。荒鳥のケージの扉は閉めたままで、ほかの文鳥を放鳥してみましょう。

③ 放鳥中は追わない、手を出さない

荒鳥は人のようすをドキドキしながら注意しています。飼い主さんは目の端で荒鳥のようすを注意しながらも、静かに読書したりテレビを見ているふりをして、あくまで荒鳥の好きなようにさせてあげてください。徐々にあなたとの距離を縮めてくるはずです。おなかが空いたらケージに戻るので、そうしたら扉を閉めて。

キメ顔編

写真館

ご紹介。個性さまざまな文鳥たち、みんなかわいい！

mikikoさん家の
ぎんちゃん

matkaさん家の
おもちちゃん

kiro's mamaさん家の
kiroちゃん

maikoさん家の
チィ太郎ちゃん

usamimiさん家の
くるみちゃん

かこさん家の
さとちゃん

あかねさん家の
こつぶちゃん

はぴこさん家の
ブンちゃん

こりんごさん家の
豆麩ちゃん

はちゃさん家の
ぴぃちゃん

うちのコ

飼い主さんたちが撮影した愛する「うちのコ」写真を

ピヨピヨ編

atsukoさん家の
ナルトちゃん

幸さん家の
美羽ちゃん&ぎんちゃん

まなくんさん家の
けんちゃん

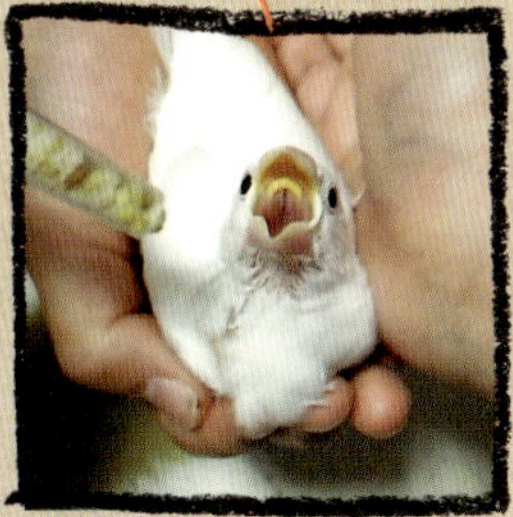

にこ母ちゃんさん家の
にこちゃん

安田さん家の
あずきちゃん

もぐもぐ編

花梨さん家の
桃ちゃん

バナプシェさん家の
ハヌンジュンちゃん

インコも一緒に
お食事中

ゆっこさん家の
さくらちゃん

麻紀さん家の
ちいよちゃん

キレイキレイ編

JU*さん家の
はるちゃん

tyobimamaさん家の
コロちゃん

こだかこさん家の
さくらちゃん

フォトジェニック編

ともみさん家の
すだちちゃん

ひろぴさん家の
ぶんちゃん

井手さん家の
龍之介先生

SBOKさん家の
ハルちゃん

yuuさん家の
セバスチャン

平野さん家の
牡丹ちゃん

触れ合い編

SUIさん家の
はっちゃん

Satoさん家の
文ちゃん

fortunae3さん家の
はるちゃん

ちーたるさん家の
そうじろうちゃん

ホセさん家の
ババロアちゃん

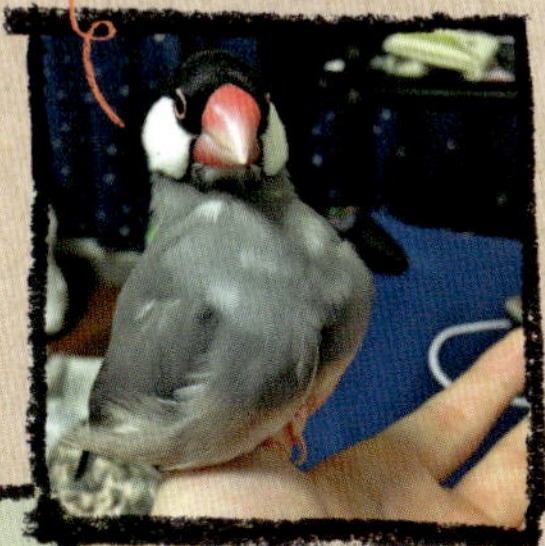

スエさん家の
ふくちゃん

せいなさん家の
ぴよちゃん

酒井さん家の
ハルちゃん

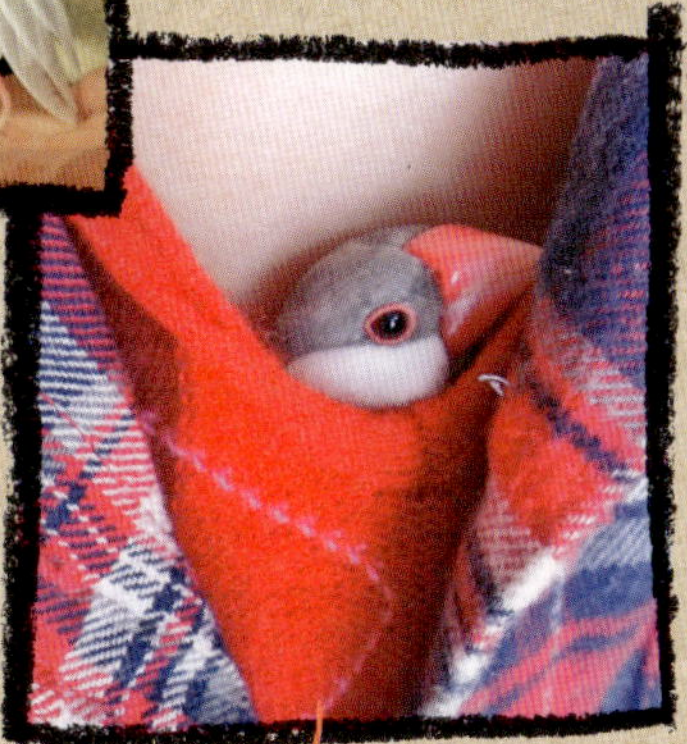

ともつきさん家の
ミナトちゃん

早川さん家の
ピッピちゃん

もりねむさん家の
トムちゃん&ベルちゃん

文鳥あるあるある

Collection of buncho's feathers

抜けた羽根を集めてしまう

捨ててしまうなんてもったいない。集めて「文鳥人形」を作ったツワモノの飼い主さんも。

文鳥とセキセイインコの羽根を樹脂で固め、キューブにした品。

Buncho-sized miniature furniture

ミニチュア小物で遊んでしまう

文鳥サイズの机や椅子、集めて楽しんでしまうのはなぜなのか……。ガチャガチャにも以前より目が行くようになったという人が多いよう。

Share vegetable with buncho

野菜は文鳥とシェア

文鳥にあげられる野菜を常備するから、食卓にしょっちゅう小松菜、豆苗、チンゲン菜が登場。アレンジメニューも研究したりして。健康的になって一石二鳥？

We can't use the remote control because of buncho

リモコンが使えない

放鳥中、家電の上にいることも多い文鳥。リモコンの上にとまったら、どいてくれるまでじっと我慢。

一番いいカメラ

モチ姿！シャッターチャンス！
パシャッ
あれ…ピンボケ
苺かき氷みたい
カルルル
もっとかわいくとってよ——
一番いいのにしてね♪
そうだねぇ せっかくだから 一眼レフに…
Camera catalog
買ったよ——!!
ヤダコワイ…
ZOOOOOM

あそんでー

パソコン作業を邪魔される

They say stop computer working and play with me

あるある

放鳥中に文鳥の写真を撮ったり、それをブログにUPしたり。でもパソコン作業に没頭するのは禁物。だって文鳥は飼い主さんと遊びたいんだから。

いいカメラを買ってしまう

We get a good camera for buncho

あるある

小さくて動きの速い文鳥をうまく撮るには、やっぱり性能のいいカメラをと、一眼レフを購入して散財しちゃう人多し。

季節のイベント写真を撮る

We take a photo by every memorial day

あるある

クリスマス、お正月、雛祭り……。文鳥と一緒なら、四季折々の行事がいっそう楽しく！

寿

あるある

They rip books and comics into little pieces

本や漫画を破られる

読んでいる本をベリベリ、開いているノートをベリベリ。文鳥に破られた紙類は数知れず。でもそんなに楽しいんならもういいか、と思ってしまう。

あるある

We can't stop taking a sniff of buncho

文鳥のにおいを嗅いでしまう

文鳥を手のひらに収めてにおいを堪能する人多し。どんなにおいか聞くと「おひさまのにおい」「出汁の香り」「ほのかにメープルシロップのにおい」などさまざまな回答が！

＼スーハー／
＼やめてよー／

いつも一緒
ガタンゴトン
ネムタイナー
文鳥朝ごはん中かな
フン♡
お仕事がんばるぞー
カタカタ
ガタンゴトン
ツカレター
文鳥待ってるかな
タダイマー
あっ……！
うん○!!
いつも一緒だね♥
オカエリー

part 7

文鳥の
健康と病気

飼い主さんにとって、文鳥がかかりやすい病気を知っておくのは
大切なこと。病気やケガをしたときの看護のしかたや
老鳥になったときの飼い方のコツも知っておきましょう。

健康チェックを欠かさない

毎日の健康チェックで病気やケガを見逃さない

文鳥は決して弱い生き物ではありません。たった25gほどの体で10年以上生きることもできるのですから、強い生命力をもつ生き物です。ですが、注意したいことがあります。自然界の掟として、弱っていそうな生き物は狙われやすいため、具合が悪くても隠そうとします。元気がない＝魅力がないということでもあるため、パートナーにも隠そうとします。ですから具合が悪そうに見えたときには、かなり症状が進行していることがほとんど。その手前で気づくことができるよう、日頃からささいなことにも注意しましょう。

羽毛・皮膚

□羽毛に張り・ツヤがあるか
□羽毛の色に変化がないか
□異常に抜けていないか
□換羽が長くかかりすぎていないか

肝機能が落ちてくると、風切り羽根の色が濃くなる傾向が。換羽に3か月以上かかるのは代謝が落ちている状態。

尾脂腺《びしせん》

□腫れていないか

おしり・フン

□総排泄孔《そうはいせつこう》が濡れていないか、腫れていないか
□正常なフンをしているか
□フンの量が多すぎないか、少なすぎないか

ⓒあず小鳥の診療所

(左)正常なフン。黄土色の便を白い尿酸が包んでいる。(右)下痢ぎみの水っぽいフン。

脚

□ピンク色をしているか

紫色っぽくなっていたり、白っぽくなっているのは病気の可能性。

□ツヤがあるか、乾燥していないか
□爪が長すぎたり、ねじれていたりしないか

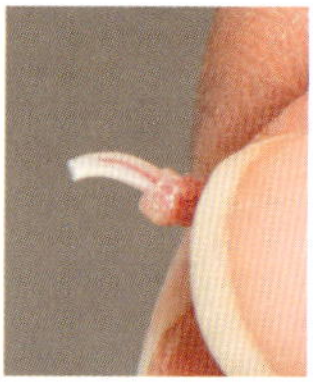

爪が長すぎるときは、布などに引っかかりやすいので爪切りをします。乾燥して白くなっている部分のみを切ります。深爪すると出血してしまうので注意。

⇒148ページ

鼻

□鼻水が出ていないか、鼻孔が濡れていないか
□呼吸のとき音がしていないか
□クシャミをしていないか

文鳥のクシャミは口を閉じたまま「プシッ」という音を出します。鼻が詰まると「ズーズー」「プチプチ」というような音が聞こえます。

目

□目がパッチリ開いているか
□目が潤んでいないか
□アイリングが白っぽくないか、腫れていないか

耳

□耳の周囲が汚れていないか
□耳が腫れていないか

トリコモナス症になると、鼓膜が腫れて突出します。

クチバシ

□赤い色をしているか

赤血球の濃度はクチバシに表れます。酸素不足(チアノーゼ)の状態になると紫っぽい色に、空腹や貧血、低体温だと白っぽい色になります。

□クチバシの形がおかしくないか

栄養状態が悪かったり、内臓の機能が衰えていると、一部が長く伸びすぎたり、かみ合わせがおかしくなったりします。

□咳をしていないか

文鳥の咳は口を開けて「ケッケッ」という音を出します。

(左)クチバシが紫色っぽくなっています。
(右)クチバシの横が長く伸びています。

胸・おなか

□黄色い脂肪が見えていないか
□肝臓が肥大していないか

黄色い脂肪が見える胸。肝臓病になると通常3㎜ほどの赤褐色の肝臓が1㎝くらいに肥大します。

健康を守る

動物病院への連れて行き方

あらかじめ信頼できる動物病院を探しておく

文鳥を診てもらえる動物病院は、文鳥を飼うと決めたときに探してください。鳥を診られる動物病院はもともと少ないのです。そして文鳥を飼い始めたら、健康診断をしてもらいにその病院に実際に行ってください。食事のことなど、気にかかっているちょっとしたことを相談してください。「ここなら安心してまかせられる」という病院を見つけるためのステップです。かかりつけの病院を決めたら、半年に一度を目安に定期検診を受けましょう。文鳥の具合が悪くなって初めて病院を探すのでは、飼い主さんが納得する治療が受けられず、あとから後悔することになりかねません。

いざというときのために外出の練習をしよう

文鳥を外に連れ出すのは、それだけで文鳥にストレスですが、まして具合が悪いときに初めて連れ出されたのでは、よけいに負担をかけます。ふだんの元気なときに外出の練習をしておくのがベターです。

まずは部屋の中でキャリーに慣れさせます。キャリーに入ったら扉を閉めて、部屋の中でキャリーを持って歩いてみます。キャリーに慣れたら、幼鳥期を過ぎた文鳥なら、気候のよいときに実際に外出してみます。外出時のセットは左ページの通り。はじめは家の近所の公園や神社など、短時間で帰宅できるところに出かけます。だんだんと外出時間を長くしていき、目当ての動物病院にも行ってみましょう。

外出の練習は、飼い主さんにとっても必要。文鳥のキャリーをなるべく揺らさないように移動することが、どれだけ大変かがわかると思います。ふだん歩いている道でも、倍の時間がかかるでしょう。

自転車やバイクでは
移動しないで。
振動がすごいんだ

外出時のセット

止まり木

力が弱っているときは止まり木をはずし、底に座らせます。その際、丸めたティッシュをいくつか底に置いておくと◎。

キャリー

複数羽を病院に連れて行くときは、別々のキャリーに入れるのがベスト。下に落ちたフンなども診てもらえます。屋外では決して扉を開けないで。寒いときはキャリーの外側に携帯用カイロを当てます。

キャリーを入れるバッグ

キャリーのままは×。必ずバッグに入れます。犬猫用のキャリーバッグが通気性もありおすすめ。上部が開いたバッグは上をタオルなどで覆って。財布などを出すたびに刺激しないよう、その他の持ち物バッグは別に。

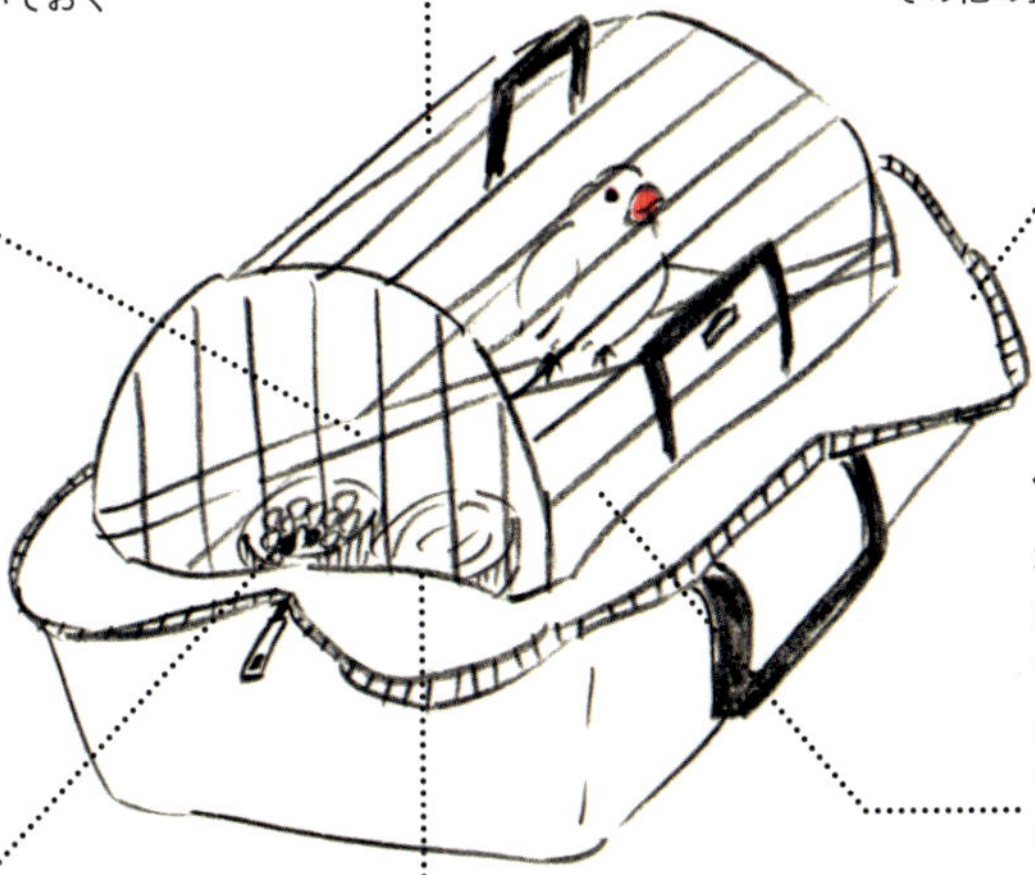

ペットシーツ

水がこぼれても大丈夫なように、ペットシーツを底に敷きます。ずれたりエサの上に乗ってしまったときは、扉を開けるのではなく、細い棒状のものや紙を細く丸めたものを網の間から入れて直します。

エサ

動きづらい陶器のエサ入れに入れておきます。網に引っ掛けるタイプのエサ入れは、はずれないように針金を曲げて固定します。底にばらまいておいてもOK。

水

1時間以上の外出なら水も用意します。容器についてはエサと同じですが、どうしてもこぼれやすくなります。追加するとき扉を開けるのは危険なので、スポイトなどで網の間から水を追加します。水の代わりに青菜で水分補給させてもOK。

ヒナの場合は

ヒナの具合が悪く病院に連れて行かねばならないときは、ふだんのふごやプラスチックケースのままバッグに入れ、携帯用カイロなどで保温しながら連れて行きます。時間がかかるときは挿し餌道具も必要。魔法瓶にお湯を入れて持っていきます。

文鳥がかかりやすい病気

症状から考えられる病気

症状から病気を探せるよう、リストを作りました。
ただし、ここにあるのがすべての症状・病気ではないので、
気になることがあれば必ず動物病院で診てもらいましょう。

目

- □アイリングが腫れている……… **眼瞼炎** (⇒141ページ)
- □目に白い部分がある……… **白内障** (⇒141ページ)
- □涙目、充血……… **結膜炎／眼瞼炎** (⇒141ページ)、**気道炎** (⇒142ページ)、**トリコモナス症** (⇒142ページ)

鼻

- □鼻水が出る……… **気道炎** (⇒142ページ)、**クラミジア症** (⇒142ページ)

口

- □口の中がネバネバしている……… **気道炎** (⇒142ページ)、**トリコモナス症** (⇒142ページ)
- □クチバシの色が暗い、紫色っぽい……… **気道炎** (⇒142ページ)、**甲状腺機能低下症** (⇒146ページ)
- □クチバシの色が白っぽい……… **肝臓障害** (⇒144ページ)、**換羽疲れ** (⇒147ページ)

異様な鳴き方・音

- □ギュウギュウと鳴く……… **てんかん様発作** (⇒147ページ)
- □クシャミをする……… **気道炎** (⇒142ページ)、**クラミジア症** (⇒142ページ)
- □咳をする……… **気道炎** (⇒142ページ)、**心臓病** (⇒147ページ)
- □ズーズーという音がする……… **気道炎** (⇒142ページ)
- □プチプチという音がする……… **気道炎** (⇒142ページ)、**トリコモナス症** (⇒142ページ)
- □ヒーヒーという音がする……… **気道炎** (⇒142ページ)、**甲状腺機能低下症** (⇒146ページ)

耳

- □鼓膜が耳から突出……… **トリコモナス症** (⇒142ページ)

羽毛・皮膚

- □クチバシの上が白くカサカサしている……… **疥癬** (⇒143ページ)
- □頭や首に黄色いかさぶたや脱羽がある……… **皮膚真菌症** (⇒143ページ)
- □後頭部が脱羽、羽毛が抜けやすい……… **甲状腺機能低下症** (⇒146ページ)
- □風切り羽根が曲がっている……… **毛引き症** (⇒147ページ)

かかりやすい病気を
知っておくことは
大切だよ。
早期発見してね！

脚

□脚が白くカサカサしている……… 疥癬（⇒143ページ）、甲状腺機能低下症（⇒146ページ）、
はばき（⇒146ページ）

□脚の色が白っぽい、爪が変形している……… 肝臓障害（⇒144ページ）

全身

□しこりや腫れがある……… 悪性腫瘍（⇒141ページ）

□そのうが赤く腫れる……… トリコモナス症（⇒142ページ）、そのう炎（⇒144ページ）

□おなかが腫れる……… 肝臓障害（⇒144ページ）、卵詰まり／卵材停滞（⇒145ページ）

□おしりから赤いものがぶら下っている……… 卵管脱（⇒145ページ）

□尾脂腺が腫れている……… 尾脂腺詰まり（⇒146ページ）

フン

□血便……… コクシジウム症（⇒143ページ）

□下痢……… クラミジア症（⇒142ページ）、トリコモナス症（⇒142ページ）、
コクシジウム症（⇒143ページ）、カンジダ症（⇒143ページ）、AGY症（⇒143ページ）、
食道炎／そのう炎／胃腸炎（⇒144ページ）

□大きなフンをする……… 悪性腫瘍（⇒141ページ）、卵材停滞（⇒145ページ）

□食べたエサをそのまま排泄……… コクシジウム症（⇒143ページ）、カンジダ症（⇒143ページ）、
食道炎／そのう炎／胃腸炎（⇒144ページ）

□便秘……… 卵詰まり（⇒145ページ）

□尿酸が黄色っぽい、緑色っぽい……… 肝臓障害（⇒144ページ）

動作

□止まり木に目をこすりつける……… 結膜炎／眼瞼炎（⇒141ページ）、気道炎（⇒142ページ）

□あくびをくり返す……… トリコモナス症（⇒142ページ）、食道炎／そのう炎（⇒144ページ）

□嘔吐する……… クラミジア症（⇒142ページ）、カンジダ症（⇒143ページ）、AGY症（⇒143ページ）、
食道炎／そのう炎／胃腸炎（⇒144ページ）、甲状腺機能低下症（⇒146ページ）

□けいれん……… トリコモナス症（⇒142ページ）、てんかん様発作（⇒147ページ）

□息が苦しそう……… 気道炎（⇒142ページ）、卵詰まり／卵材停滞（⇒145ページ）、
てんかん様発作（⇒147ページ）、心臓病（⇒147ページ）

□自分の体をかじる……… 悪性腫瘍（⇒141ページ）、自咬症（⇒147ページ）

□水をたくさん飲む……… 食道炎／そのう炎／胃腸炎（⇒144ページ）、
卵詰まり／卵材停滞（⇒145ページ）

年代によるかかりやすい病気

ヒナ時代

誕生〜生後半年

食道炎／そのう炎
⇒144ページ

気道炎
⇒142ページ

コクシジウム症
⇒143ページ

トリコモナス症
⇒142ページ

成鳥時代

生後半年〜6歳

生殖器の病気
※メスのみ
⇒145ページ

老鳥時代

7歳以降

白内障
⇒141ページ

心臓病
⇒147ページ

甲状腺機能低下症
⇒146ページ

悪性腫瘍
⇒141ページ

はばき
⇒146ページ

目の病気

【結膜炎《けつまくえん》／眼瞼炎《がんけんえん》】

原因と症状 まぶたの裏や眼球を覆う結膜に炎症が起きるのが結膜炎、アイリングに炎症が起きるのが眼瞼炎です。原因はケンカによる外傷や細菌感染など。目の充血や涙目が見られます。

治療と予防 外傷性のものは点眼薬などで治療します。感染の場合は感染症に応じた治療をします。清潔な環境や保温で感染症を防ぎます。仲の悪い文鳥どうしは一緒にしないよう注意。

【白内障《はくないしょう》】

原因と症状 水晶体が白く濁り、目が見えにくくなる病気。原因は肝臓疾患や老化など。目の中央に白い点ができ、徐々に大きくなるにつれ視力が低下します。進行すると失明することも。

治療と予防 点眼薬などで進行を遅らせます。ビタミン不足にならないよう、野菜や果物を与えて予防します。目が見えなくなっても今まで通り生活できるよう、ケージ内のレイアウトをなるべく変えないようにします。

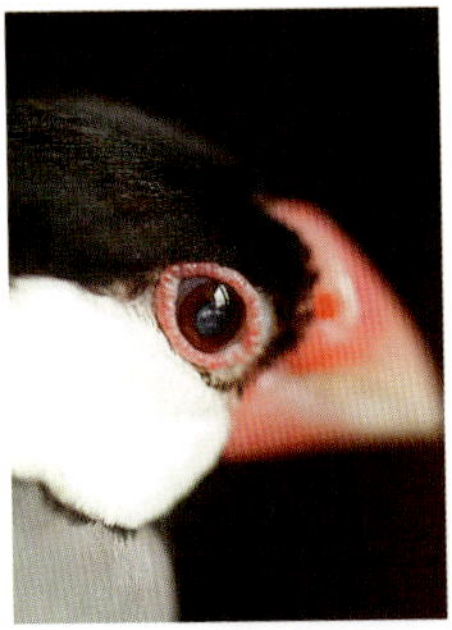

白内障の文鳥。軽いうちは普通に行動できるので気づけないことが多いです。

Column

弱視とは

赤い目は先天的に視力が弱いといわれています。治療法はないので、まぶしくないよう直射日光を避ける、ケージ内の配置を変えないなど、暮らしやすいよう気を配って。

悪性腫瘍（がん）

原因と症状 突然変異を起こした細胞が増殖して腫瘍を作る病気。体表にできるものと体内の内臓や骨にできるものに大きく分けられ、特に体内のものは発見が困難。初期はほとんど症状がなく、進行すると体重の減少、呼吸が荒くなるなどの症状が見られます。

治療と予防 手術や投薬で治療をします。ふだんから健康的な生活を心がけ、ストレスを与えないことが予防になります。手乗り文鳥なら毎日体を触ってしこりがないか確認を。

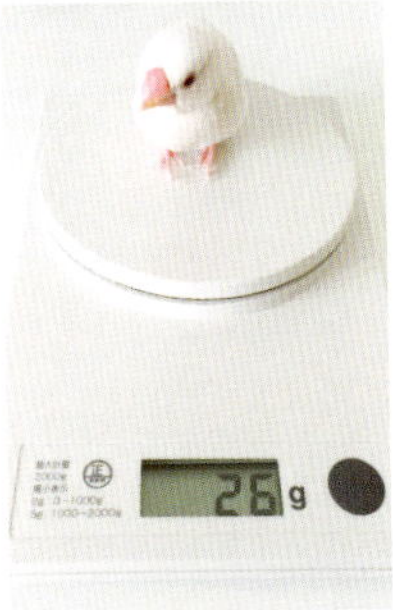

成鳥も一週間に一度は体重を量って、体重の変動を確認しましょう。

感染症

【気道炎《きどうえん》】

原因と症状 鼻や気管、肺などが炎症を起こす病気。細菌などの感染によって起こります。鼻水やクシャミ、咳、声枯れ、開口呼吸などの症状が見られ、呼吸のとき「ズーズー」「プチプチ」「ヒーヒー」などの異音がすることも。

治療と予防 十分に保温と加湿をし、必要ならば投薬します。薬を霧状にして吸わせるネブライザーを使うことも。こじらせると命に関わるほか、慢性化すると再発しやすい病気です。多頭飼いの場合は隔離します。

日頃から野菜を与え、ビタミン摂取させて免疫を高めましょう。

【クラミジア症（オウム病）】

原因と症状 クラミジアという微生物に感染し、呼吸器疾患や嘔吐、下痢などが起こる病気。鳥類で初めて発見されたのがオウムだったためオウム病とも呼ばれますが、鳥類全般だけでなく人も感染する病気です。

治療と予防 抗生物質で治療します。感染した鳥のフンや分泌物を吸い込むことで感染するのでまめに掃除し、お世話のあとは手洗いを習慣づけます。

Column

人獣共通感染症とは

基本的に生き物は種が違うと病気をうつしあうことはありません。しかしなかには共通して感染するものもあり、それが人獣共通感染症です。クラミジア症はそのひとつで、人がうつると風邪のような症状が出ます。抗生物質を投与して治療します。

【トリコモナス症】

原因と症状 トリコモナスという寄生虫による感染症。ヒナに多く見られる病気で、食道炎やそのう炎、口の中がねばつく、あくびが多い、鼓膜が腫れて耳から突出するなどの症状が見られます。エサが食べられないため弱って命を落とすヒナが多い病気です。経口感染で、感染した親鳥が給餌したヒナや、感染したヒナと一緒に挿し餌を受けたヒナが感染します。

治療と予防 検査で寄生虫の有無を調べ、早期に駆虫薬を投与すれば治ります。新しい文鳥を迎えたら動物病院で寄生虫の検査を。感染していても発症しないこともありますが、ほかの文鳥への感染源となるので検査は必須。

感染しているヒナと同じ給餌器で挿し餌をもらうと感染します。

【コクシジウム症】

原因と症状 コクシジウムという寄生虫が腸に入り炎症を起こす病気。免疫力の低いヒナが発症しやすく、下痢や血便、未消化便をし、やせ衰えて死んでしまうことも。感染した鳥のフンが口に入ることで感染します。

治療と予防 元気なうちから動物病院で検査を受け、駆虫しておくと安心です。感染が見られたら投薬で治療します。治療中は自分のフンの中に出ている病原体を口にして再感染しないように、ケージを一日一回熱湯消毒し、病原体を駆除します。

多頭飼育の場合、1羽に感染が見られたらほかの鳥も感染している可能性があります。

【疥癬《かいせん》】

原因と症状 トリヒゼンダニという寄生虫が皮膚に寄生し、かゆみを起こします。羽毛の生えていないクチバシ上部や脚が白くカサカサになります。

治療と予防 顕微鏡で見ると寄生虫が確認できます。駆虫剤で治療します。環境を清潔に保ち、野菜でビタミンを摂取して免疫力低下を防ぎます。

【カンジダ症（真菌《しんきん》性《せい》腸炎《ちょうえん》）】

原因と症状 カンジダというカビの一種が消化器に炎症を起こす病気。カンジダは常在菌で健康なときは問題ありませんが、免疫力が落ちると腸炎を起こし、下痢や嘔吐が見られます。作り置きの挿し餌や人の食べ物を与えるなどが原因のことも。

治療と予防 抗真菌薬で治療します。真菌の治療は長期にわたります。

【皮膚《ひふ》真菌症《しんきんしょう》】

原因と症状 カビの一種が皮膚に感染し、かゆみや脱毛を起こす病気。頭から首にかけての皮膚がカサカサになり、かさぶたのようなもので覆われます。

治療と予防 抗真菌薬で治療します。かゆがって引っ掻いてしまわないよう、エリザベスカラーをつけることも。日光浴や水浴びは予防になります。

【AGY《エージーワイ》症《しょう》（メガバクテリア症）】

原因と症状 比較的新しく発見された、真菌による感染症。まだ不明な点が多いですが、そのう炎や腸炎を起こし、下痢や嘔吐で痩せていきます。経口感染しますが、文鳥での発症はそれほど多くありません。

治療と予防 抗真菌薬で治療します。鳥の診療に慣れた病院でないと診断や治療が難しいと思われます。

消化器の病気

【食道炎《しょくどうえん》／そのう炎／胃腸炎《いちょうえん》】

原因と症状 食道、そのう、胃腸が炎症を起こし、消化がうまく行われない状態。多くが同時に起こります。挿し餌の水分が足りない、人の食べ物を食べてしまったなどの原因のほか、細菌や真菌、寄生虫による感染でも起こります。症状は嘔吐、下痢、水をたくさん飲む、あくびをくり返すなど。ヒナの場合は1～2日で死んでしまうことも。そのうを触ってやわらかくないときは消化不良を起こしています。

治療と予防 検査などで原因を突き止め、感染が原因の場合は感染症に合わせた治療をします。人の食べ物を与えない、正しい挿し餌をするなど、健康管理に努めましょう。

消化器のつくり

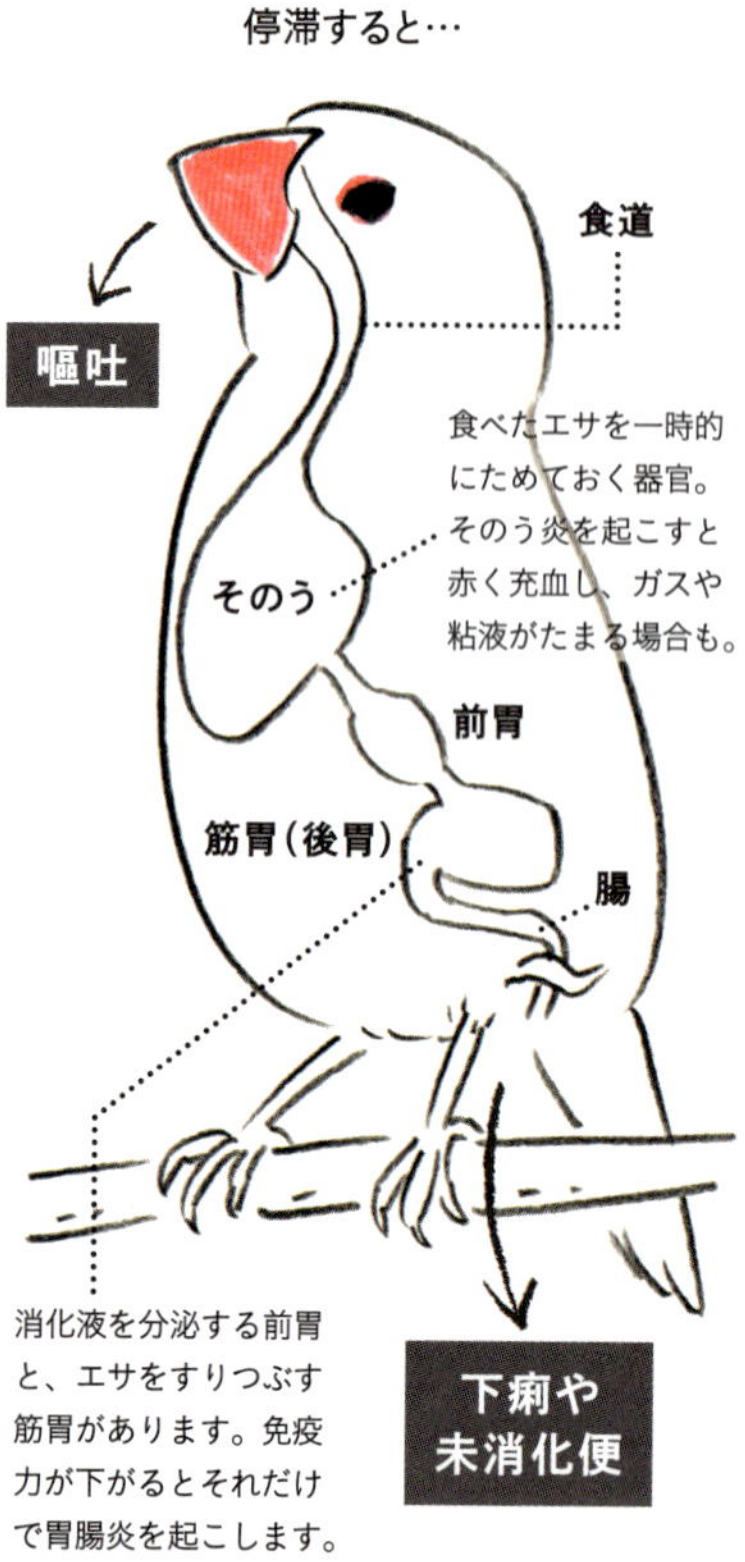

停滞すると…
嘔吐
食道
食べたエサを一時的にためておく器官。そのう炎を起こすと赤く充血し、ガスや粘液がたまる場合も。
そのう
前胃
筋胃（後胃）
腸
消化液を分泌する前胃と、エサをすりつぶす筋胃があります。免疫力が下がるとそれだけで胃腸炎を起こします。
下痢や未消化便

【肝臓障害《かんぞうしょうがい》】

原因と症状 肝臓の機能が低下した状態。原因は肥満や中毒、感染症など。尿酸が黄色や緑色っぽくなる、呼吸が荒くなる、クチバシや脚の色が白っぽくなる、爪やクチバシが伸びすぎるなどの症状が見られます。肥大した肝臓は腹部を見ればわかります。

治療と予防 原因に応じた治療をします。原因不明の場合などは肝臓の働きを助ける薬を投与します。定期的に健康診断を受け、肝臓の大きさを確認してもらいましょう。

肝臓障害になると、クチバシの一部が伸びすぎるなどの症状が出ることも。クチバシのカット（トリミング）が必要な場合もあります。

生殖器の病気

【卵詰《たまごづ》まり（卵秘《らんぴ》）／卵材停滞《らんざいていたい》】

原因と症状

メスが産卵できず、卵管内に卵や卵材が停滞してしまう病気。卵材とは黄味や白味、殻など正常な形でない卵の状態。原因はカルシウム不足や寒さ、ホルモンの異常、卵管の機能停滞など。高齢の文鳥や若すぎる文鳥、産卵しすぎている文鳥に多く起こります。

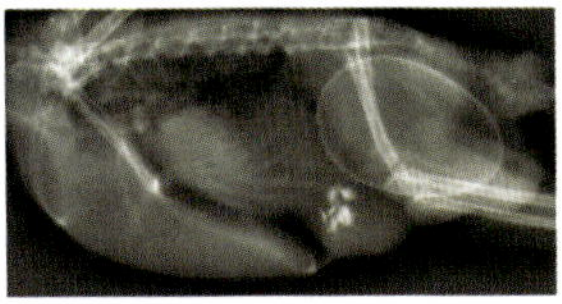

卵詰まりのレントゲン写真。腹部に大きな卵が見えます。　ⓒあず小鳥の診療所

治療と予防

自然に産卵できないときは、獣医師に産卵させてもらいます。おなかを圧迫して卵を出したり、開腹手術が必要な場合も。卵材が少量の場合は投薬でようすを見ることもあります。無意味に発情させないことが一番の予防です。日頃からカルシウムやビタミンなどを欠かさず与えます。発情してしまったら毎日おなかを触り、卵ができていないかをチェック。丸一日出てこないと命に関わることがあります。

【卵管脱《らんかんだつ》】

原因と症状

卵管が反転して総排泄孔からとび出てしまう病気。産卵時の力みすぎや、卵詰まりなどで卵管が炎症を起こすことが原因です。赤い内臓がおしりからぶら下がって見えます。

治療と予防

動物病院での早急な処置が必要です。とび出た卵管を文鳥がつついてしまわないよう、厚紙などのエリザベスカラーをつけ、卵管が乾燥しないよう、生理食塩水で湿らせながら病院へ。卵管を体内に押し戻したり、卵管を取り除く手術を行います。

Column

メスの発情を防ぐには

メスはかわいがりながらも背中をなでない、手の中には入れないなど、ある程度の距離をもって接することが必要です。なでたときにおしりを上げて尾を震わせるなどは発情のサイン。接触を避けましょう。発情しすぎるメスには、ホルモン剤の投与で発情予防することもありますが、それでも収まらないことも。いつも卵を産んでしまうなら、偽卵を巣に入れておくと、産卵数を減らせる場合があります。

⇒123ページ

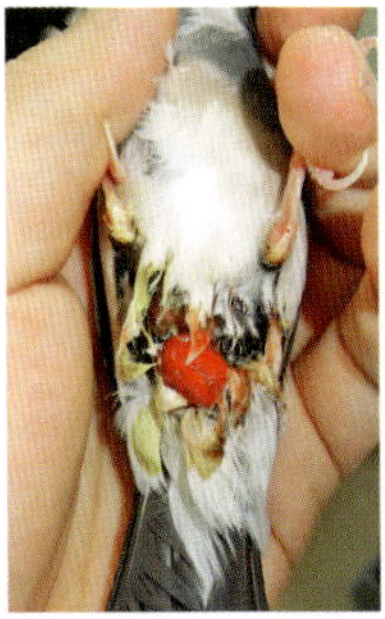

文鳥の卵管脱。赤い卵管が見えています。
ⓒあず小鳥の診療所

代謝性の病気

【甲《こう》状《じょう》腺《せん》機《き》能《のう》低《てい》下《か》症《しょう》】

原因と症状　代謝促進などに働きかけるホルモンを分泌する甲状腺の機能が低下し、全身の代謝が遅くなる病気。脚の表面が白くカサカサになったり、脂肪が蓄積されて肥満になったり、羽毛が抜けやすく生えにくくなったりします。甲状腺が肥大して突然死することもあります。

治療と予防　甲状腺ホルモンの材料となるヨードを含むサプリメントを与えるほか、投薬で治療します。ヨード不足とならないよう、ふだんからサプリやボレー粉を欠かさないようにします。ボレー粉よりサプリのほうがヨード含有量が多いため、サプリを与えるのが効果的です。

黄色い脂肪が見える文鳥。代謝が悪いため太りやすくなります。

【はばき】

原因と症状　脚の皮膚がウロコ状に厚く固くなる状態。原因は老化、代謝障害、栄養障害など。悪化すると脚先の血行や神経を圧迫します。脚をもち上げるしぐさが見られることもあります。

治療と予防　ビタミン不足が原因の場合があるのでビタミン剤を与えます。表面の皮膚をはがして治療することも。脚輪をしているとさらに圧迫するのではずします。脚だけではなく、爪やクチバシにも異常が出てくるので、必ず動物病院に相談を。

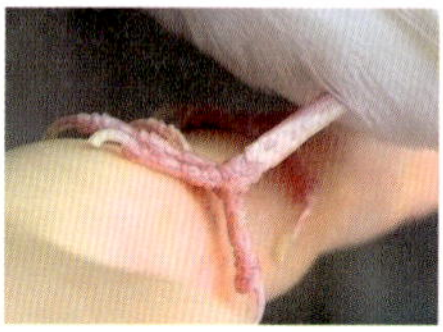

はばきができた脚。角質がはがれず分厚くなります。

【尾《び》脂《し》腺《せん》詰《づ》まり】

原因と症状　尾のつけ根にある、脂の分泌腺が詰まって腫れる病気。原因は老化やビタミン不足、細菌の感染など。

治療と予防　中にたまっている脂を絞り出し、ビタミン剤の投与などで治療します。たまりやすい文鳥は定期的に絞り出す必要が。悪性腫瘍の場合もあるので必ず診療を受けます。尾脂腺を定期的にチェックして早期発見を。

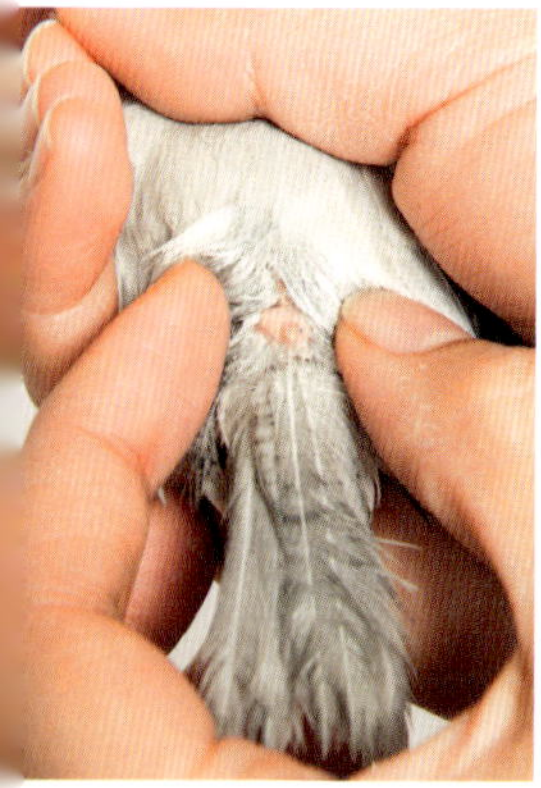

（上）尾脂腺の脂をクチバシにつけ、羽づくろいして全身に広げます。（左）通常でも尾脂腺はポツンと出っ張っています。

その他

【てんかん様《よう》発《ほっ》作《さ》】

原因と症状 突然のストレスや緊張などが原因で発作を起こす病気。けいれんや開口呼吸、ギュウギュウというあえぎ声などが見られます。神経質な性格の文鳥に多く見られます。

治療と予防 数分で発作は終わり、特に後遺症もありません。頻繁に起こる場合は向精神薬が処方されることもあります。大声など急な刺激や温度差などのストレスを与えないこと。5分以上発作が続くようなときはほかの病気の恐れがあります。

外出に慣れていない文鳥は、動物病院の診察台で発作が起きることも多いです。

【心《しん》臓《ぞう》病《びょう》】

原因と症状 老化などが原因で心臓に負担がかかり、運動後に開口呼吸をしたり、咳や酸素不足(チアノーゼ)などの症状が見られます。レントゲンで心臓の大きさや形を確かめるなどして診断します。

治療と予防 強心剤を与えて治療します。甲状腺機能低下症などが原因の場合はその治療をします。

【換《かん》羽《う》疲《づか》れ】

原因と症状 普通でも換羽は体に負担をかけるものですが、それが体調不良を引き起こすほど負担になっている状態。クチバシが白っぽくなるなどの症状が見られます。病気が隠れている場合もあるので自分だけで判断せず、獣医さんの意見を聞いてみましょう。

治療と予防 安静にし、ビタミン剤やアミノ酸のサプリを与えます。ほかの病気が原因ならその治療をします。

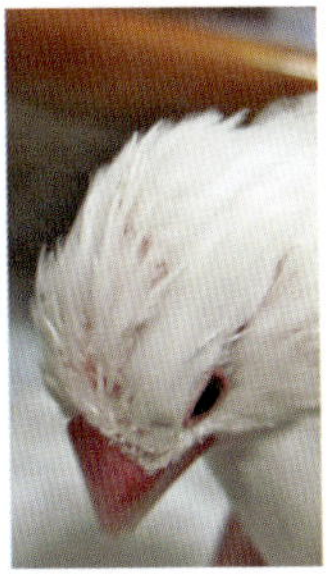

本来は一年に1回の換羽が2回以上起きるときはホルモンバランスの異常が考えられます。

【毛《け》引《び》き症《しょう》／自《じ》咬《こう》症《しょう》】

原因と症状 自分で羽毛をかじって抜いてしまったり、脚などをかんで傷つけてしまう状態。原因はストレスや寄生虫、内臓疾患、外傷などさまざま。

治療と予防 寄生虫やほかの病気が原因の場合はその治療をします。傷があるときは投薬などで治療し、治るまでエリザベスカラーをすることも。病気が原因でない場合は、最近文鳥をかまっていないなど心理的ストレスの原因はないか突き止め、改善してください。

ケガの知識

起こりやすい事故とケガ

人が注意すれば防げるものがほとんど

文鳥の事故は、放鳥中に起こるものがほとんど。つまり、注意すればほとんどは防げるものです。毎日のことですが気を引き締めましょう。

また、もし人が踏むなどの事故が起きてしまったら、必ず動物病院へ。見た目は元気そうでも内臓などに異常が起きている可能性があります。

カーテンなどに脚が引っかかって取れない

糸を切り取ります

脚に糸が絡んでいる状態なら、緩ませて取るのではなく、ハサミで糸を切ってください。緩ませようとしている間も文鳥は暴れるのでさらに絡んでしまったり、指に食い込んで切れてしまうことも。切ったら、ピンセットなどで糸を取りはずします。飼い主さんの衣服やタオル、つぼ巣の糸でも同様の事故は起こります。糸が緩んできたつぼ巣は新しいものに取り換えて。

爪を切りすぎた

出血が続くなら病院へ

爪からの出血が30分以上続いている、指が腫れてきたなどの場合は動物病院へ。30分以内で出血が止まった場合は安静にしておけば問題ないでしょう。文鳥は止まり木についた自分の血を見て怖がることが多いので、予備の止まり木と取り換えて。爪切りや保定のしかたは動物病院でレクチャーを受けておくと安心です。

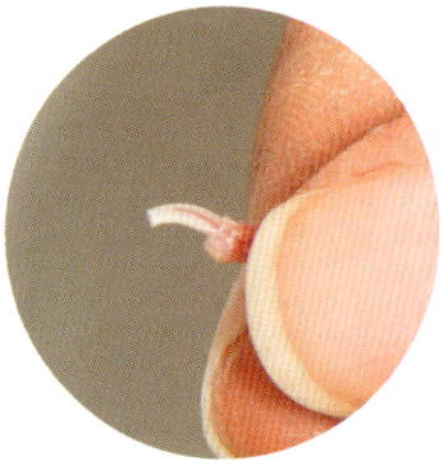

先を切った爪。乾燥してまっ白になっている部分だけを切ります。爪の根元には血管が通っているので切ると出血します。

踏んでしまった

すぐに動物病院へ

人に馴れた文鳥ほど起きやすい事故。保温をしながらすぐに動物病院へ連れて行ってください。骨折や内臓へのダメージが考えられます。鳥の骨は中に空洞があるため、軽い力でも折れてしまいます。治療をしないと脚などが曲がったまま固まってしまい、生活に支障が出ることも。命を助けることはもちろんですが、翼や脚を正常な状態で使えるように治すことも大切です。

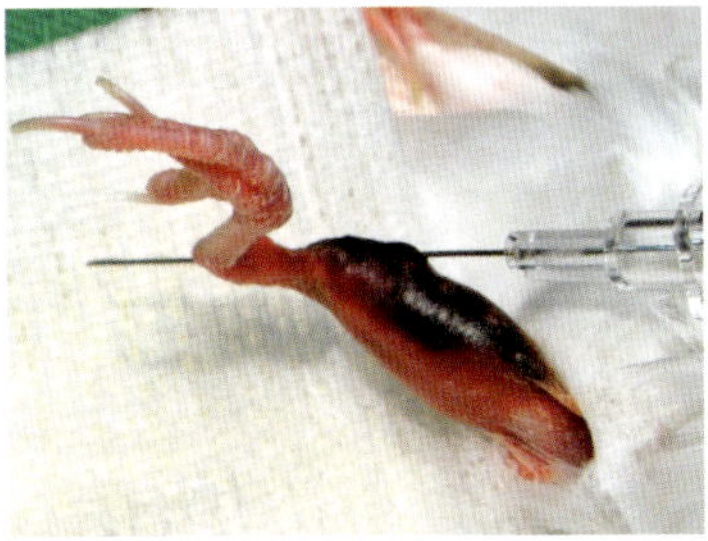

金属の棒を骨の内腔に入れ、骨折部を固定する治療法。

ⓒあず小鳥の診療所

異物を食べてしまった

危険なものは片づけて

文鳥にとって危険なものは家の中にたくさんあります。洗剤や接着剤、タバコ、アルコール、殺虫剤などのほか、観葉植物や花を口にするのも危険。飲み込んだものによっては中毒を起こし、突然死するほか、内臓に障害をもつ危険も。すぐに病院へ連れて行き、何を飲み込んだかわかれば正確に獣医師に伝えます。診察が終わるまで水やエサを与えるのは避けてください。

文鳥どうしでケンカ

多くの事故が起きる危険が

気の合わない文鳥どうしを同時に放鳥したり、同じケージにペアでない文鳥を入れたりするとケンカが起きます。クチバシでつつかれて致命傷を負ったり、逃げようとして窓ガラスに衝突するなどの事故が起きます。特にオスどうしで気が合わない文鳥は一緒にしないでください。

熱いものの上にとまってやけどしてしまった

すぐに冷やして

調理器具やストーブの上にとまる、蒸気に当たる、お湯に飛び込むなどでやけどしてしまいます。すぐに冷やすことが肝心です。患部を濡れタオルで冷やすか、脚などの場合は流水にさらします。冷やしすぎて低体温を招かないよう、全身を濡らさずに患部だけを冷やします。5分程度冷やせばOK。その後、動物病院へ。

勝手な判断で人用の軟膏などを塗るのはNG。悪化する危険があります。必ず動物病院で診てもらいます。

具合が悪いときの看護のしかた

保温に気をつけて回復を目指そう

具合の悪いときは、動物病院で診察を受けて治療をするのはもちろんですが、家での看護も大切です。家での看護は第一に保温と加湿。「少し調子が悪い」程度なら、保温と加湿だけで回復することもあります。感染症の場合はほかの鳥と離すことも忘れてはいけません。

①温室を作って保温

ケージの周りを覆い、温室を作ります。回復したように見えても急に保温をやめると悪化することがあるので、少しずつ温度を下げてもとの環境に戻すことが大切です。

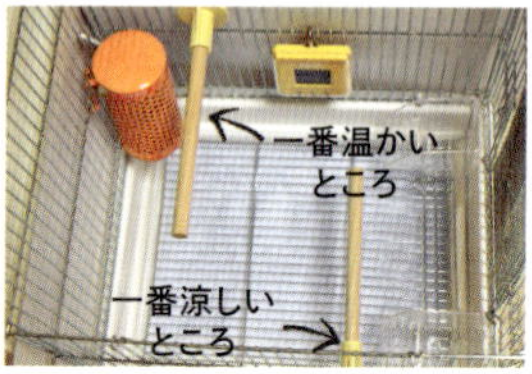
一番温かいところ
一番涼しいところ

ヒーターで温める

文鳥が自分でちょうどよい温度の場所に移動できるよう、ヒーターに一番近づける場所と離れられる場所を作ってあげると◎。

プチプチシートなどでケージを覆う

プチプチシートや厚めのビニールシートでケージを覆います。開放部分を広げたりせばめたりすることで、温度を調整できます。

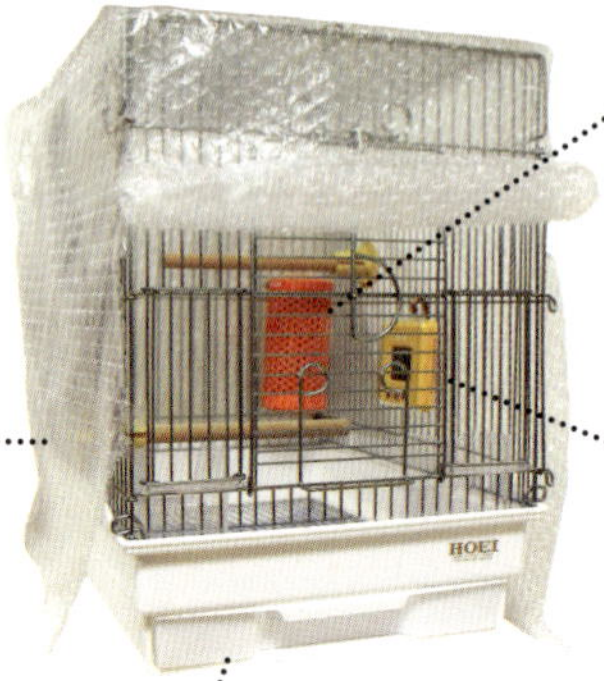
HOEI

掃除はきちんと行う

温室だと菌やカビが繁殖しやすいので掃除はきちんと。フンを確認して健康状態をチェックします。

温湿度計で確認しながら

温度30℃前後、湿度50〜60%が目安。文鳥のようす(ふくらんでいないかなど)を見て調整を。

② 獣医師の指示に従って投薬

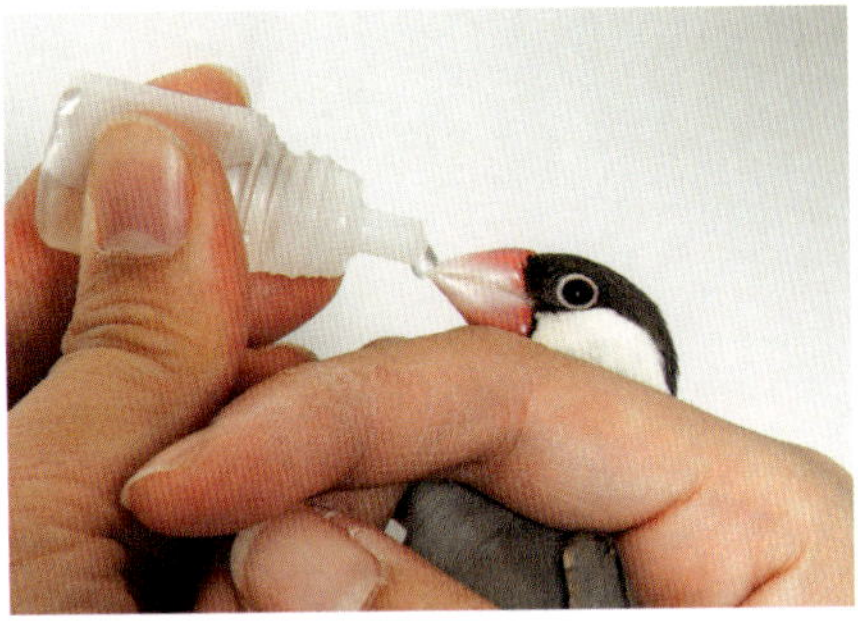

投薬のしかたや用法用量は獣医師に従ってください。飲み水に溶かして薬を飲ませたり、直接クチバシに液剤を垂らしたりして飲ませます。直接飲ませる方法は、獣医師にやり方をレクチャーしてもらうと安心です。

③ エサが食べられないときはハチミツでカロリー補給

エサを食べられないときは動物病院へ連れて行くべきですが、応急処置としてぬるま湯でのばしたハチミツを飲ませて栄養をつけても。スプーンで顔の前に持っていくか、投薬の写真のようにスポイトなどでクチバシに垂らします。

④ 静かにして、何度ものぞかない

騒がしい環境ではゆっくり休めません。大声を出したり、バタバタ走り回ったりしないのはもちろんのこと、心配だからといって何度もケージをのぞくのも落ち着けません。回復するまで放鳥も避けて。

Column

「かわいそう」という気持ちは文鳥に伝わる

自然界では弱った者は生きていけません。そのため、文鳥はパートナーにも体調の悪いことを隠そうとします。飼い主さんの態度がいつもとあまりにも違うと、文鳥は「この人にもわかるくらい、ボクは弱っているんだ」と思い、力を落としてしまいます。優しく看護しながらも、不安を伝えないように接することが大切です。

繁殖は命がけの行為

繁殖のリスクを十分に理解して

「かわいいこの子のヒナが見たい」という気持ちはわかりますが、繁殖は軽はずみに手を出してよいことではありません。特にメスにとっては命を削る行為です。鶏でも産卵鶏は寿命が縮むことが知られています。卵詰まりなどで死んでしまうこともあります。

　また、飼い主さんをパートナーと決めた手乗り文鳥にとって、ペア相手は飼い主さんです。ほかの文鳥とペアになることは難しく、ライバルと感じてしまうことも。そして運よくペアになったら、飼い主さんとのパートナーは解消になるため、関係が薄くなることも覚悟しておきましょう。

　繁殖には、こうしたさまざまなリスクを認識したうえで臨んでください。育ったヒナたちは責任もって育てるか、飼い主さんを探します。

Memo

こんな文鳥は繁殖させないで

- × 生後8か月未満
- × 4歳以上で老化が始まっているメス
- × 体重が22g未満
- × 病気や投薬中、奇形
- × 肥満
- × 人をパートナーと思っている
- × 血縁関係

　大前提として、健康な文鳥しか繁殖させてはいけません。奇形や病気がある子にとって、繁殖は負担が大きすぎます。また、繁殖に適した年齢は1～5歳。若すぎる子や年を取りすぎた子はリスクが高いので避けて。赤目のシナモンやクリーム、アルビノの文鳥を繁殖させるのは難しいので、初心者は避けたほうが賢明です。

お見合いのさせ方

文鳥は好き嫌いが激しいため、まずペアが成立するかどうかが問題。
繁殖期の前の通常期にお見合いをさせます。

①ケージを隣に並べる

いきなり接触させるのは×。初めはケージ越しに会わせてようすを見ます。お互いにケージ越しに寄り添うような行動や、オスの歌をメスが興味深く聴くようなようすが見られたら、まずは好印象。

②メスのケージにオスを入れてみる

同時に放鳥した際も一緒に行動するようなら、それを１週間ほど続けます（ほかの文鳥に目移りしないよう、２羽だけで放鳥します）。次に、メスのケージにオスを１時間ほど入れてみます。オスのケージにメスを入れるのは×。ケンカしたらすぐストップできるよう、飼い主さんはケージから離れないで。

③同じケージにいる時間を徐々に長くする

仲がよさそうであれば少しずつケージで一緒に過ごす時間を長くし、５回目くらいに夜も一緒に過ごさせます。ひと晩仲よく過ごせたら、同居をスタート。

Check!

ペア成立の見分け方

・お互いを羽づくろいしあう
・並んでエサを食べる
・並んで眠る
・放鳥時も一緒にいる　など

力の強いオスがメスから攻撃されても反撃せず我慢しているのはペア成立の可能性大。オスがメスとエサを争ったり、交尾のときだけ熱心にせまるのはNGです。交尾した＝ペア成立ではないので注意してください。

準備

十分なエサと巣を用意

発情を促すため、いつものエサにプラスして、繁殖時などに与えるエッグフード（卵や小麦などからなる栄養満点なエサ）や、あわ玉（乾いたままのもの）を与えます。落ち着ける場所にケージを置き、ケージ内につぼ巣か箱巣を取りつけます。取りつけて数日は怖がるかもしれませんが、ほとんどの場合、１週間ほどで慣れます。ケージのすき間に巣草を挿しこんでおくと、巣の中に運んで巣作りをします。ケージにあまり近づかないようにし、落ち着いて過ごせるようにします。

つぼ巣

巣草

エッグ
フード

産卵・抱卵《ほうらん》

交尾して3日後に産卵

１日に１個ずつ産卵し、３～４個揃うと抱卵を始めます。産卵したら、再度発情をしないよう、エッグフードやあわ玉を与えるのをやめます。掃除は手短にし、なるべく静かに過ごさせます。ペアが交互に抱卵しているなら、１羽ずつ放鳥させたり、水浴びさせたりしてかまいません。ただし、ケージになかなか戻らない文鳥は避けます。

Memo

抱卵しても 卵がかえらないとき

抱卵してから20日以上経っても孵化しないなら、無精卵か中止卵の可能性があります。無精卵とは、オスの精子を受精していない卵。中止卵とは、途中で成長が止まってしまった卵です。これらは巣から取り出して抱卵をやめさせます。巣の中に孵化したヒナが一緒にいる場合は、ヒナを巣から取り出すときに一緒に取り出します。見た目にも差があり、有精卵は表面に光沢があり色がくすんできますが、無精卵はザラザラ感があり、いつまでも白いままです。

育雛《いくすう》

16〜20日で孵化《ふか》

1日に1羽ずつ孵化していきます。親はヒナにエサを吐き戻して与えるので、それ用に再度エッグフードやあわ玉を与えます。親鳥は神経質になっているので、極力巣には近づかないで。飼い主さんが何度も巣をのぞくとストレスで育雛を放棄することもあります。ヒナを人に馴れた文鳥にしたければ、生後15日目くらいで巣から取り出し、挿し餌を始めます。

休養

十分に休養させて疲れを取る

ヒナが巣立ちすると、親鳥の育雛は終わりです。ゆっくり休ませてあげましょう。1シーズンで多いと4〜5回繁殖させることもできますが、繁殖は文鳥に大変な負担をかけます。1シーズンに1回にしておくことをおすすめします。エッグフードやあわ玉を与えず、ケージから巣を取り去ってしまえば、発情を抑制できます。交尾できないようにオス・メスを別々のケージに戻しても。

Column

抱卵や育雛を放棄することもある

オス・メスのどちらか一方が抱卵や育雛を放棄したら、ヒナを無事に育てることは難しいです。文鳥は2羽が協力しあって初めて繁殖を成功させることができるのです。1羽だけだと疲れ果てて死んでしまうこともあります。1羽が抱卵を放棄したら繁殖をあきらめて卵を取り出すか、孵化したら10日目くらいから飼い主さんが挿し餌をして育ててください。

また、育雛放棄には自然界の厳しい淘汰が理由の場合もあります。不健康なヒナをがんばって育てても親にとってメリットが少ないため、放棄するといわれています。1週齢以下の幼いヒナを人が育てるのはほぼ不可能。かわいそうですが、あきらめるしかないことが多いのです。

幸せな老後を

老鳥になったら

老化の表れ

白内障になる

老化による白内障で視力が悪くなり、完全に見えなくなることも。ケージ内のレイアウトはなるべく変えないで。

⇒141ページ

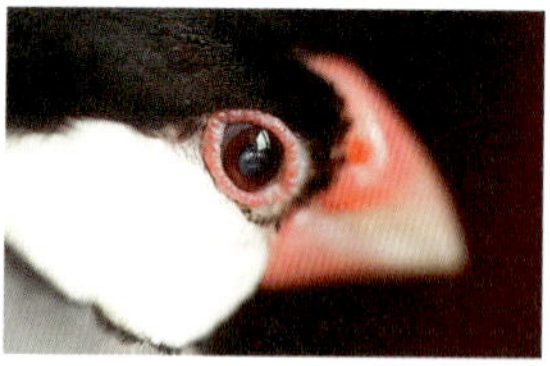

飛翔力の低下

大胸筋が衰えることであまり飛べなくなります。飛べるつもりで落ちてしまうこともあるので、放鳥中は気をつけて。

脚力の低下

脚の筋肉が衰えて脚が曲げにくくなったり、止まり木をつかむ力が弱くなったり、ホッピングができずウオーキングになったりします。指にとまらせているときの力具合でわかることもあります。

【 姿勢の変化 】

脚を曲げにくくなるため、バランスを取るために上半身をまっすぐ立てるようになります。

【 その他の変化 】

睡眠時間が長くなる

睡眠時間が長くなります。ただし、病気などのときも睡眠時間が長くなるので、ふくらんでいる、食欲がないなどの症状が見られるときは動物病院へ。

換羽が不規則になる

一年に一度、換羽期に一気に生えかわるのではなく、季節に関係なくバラバラに生えかわるようになります。

発情しなくなる

メスは卵を産まなくなります。オスは求愛の歌をあまり歌わなくなったり、歌を短縮したりします。紙を運ぶなど巣作りの行動もなくなります。お年頃を過ぎたということです。

内臓機能が低下する

消化機能が衰えるため、病気でなくても未消化便をしたり、栄養の吸収率が悪くなるため、たくさん食べるようになったりします。心臓が衰えて疲れやすくなったり、代謝が悪くなって羽毛が抜けやすくなったりします。

免疫力が低下する

体温が下がり免疫力が落ちるため、病気にかかりやすくなります。ちょっとした寒さで気道炎を起こしたりするので、今まで以上に保温に気をつける必要があります。

クチバシや爪・羽毛の形成異常

正常な代謝ができなくなり、クチバシのかみ合わせが悪くなったり、爪がねじ曲がったり、羽毛のコシがなくなったりします。サプリメントでの栄養補給や、伸びすぎたクチバシを切るなどの処置が必要になります。

体重の減少

体重の４分の１を占める大胸筋が衰えることで、体重が減ります。７歳を過ぎてから体重が増えたら、悪性腫瘍などの疑いがあります。

7歳を過ぎたら老鳥の仲間入り

文鳥によって老化の兆候が表れる年齢は異なりますが、7歳を過ぎたら老鳥と考え、お世話のしかたを見直しましょう。早いと4歳くらいで老化が始まる子もいます。

食事

若いときより
野菜や果物が
好きになる
ことが多いよ

主食のシードやペレットはほしいだけ与えてOK

消化吸収率が悪くなるので、たくさん食べるようになる文鳥が多いです。たくさんエサを与えましょう。7歳を過ぎて肥満になることはほぼありません。「好きなシードだけ食べて、ほかは残す」でもかまいません。栄養をつけることが大切です。

野菜や果物も多く与える

ビタミンを多くとらせて免疫力を上げましょう。野菜は毎日欠かさず、果物も頻度を上げて1週間に2〜3回与えてOK。野菜も果物も食べないならビタミン剤を与えて補いましょう。

保温

油断せずつねに温かい環境をキープ

年を取ると体温が低くなり、より寒さに弱くなります。決して20℃を下回らないようにケージを保温してください。ほかの文鳥に保温が必要ないときも、老鳥には必要な場合が多々あります。ケージを洗う場合も、別のケージでの保温が必要です。のどの粘膜なども弱くなるため、湿度は60〜65%を保ちます。

ケージ

体が不自由になっても なるべく快適な暮らしを

なるべくケージ内のレイアウトやケージの置き場所を変えず、今まで通りの暮らしをさせてあげるのが◎。脚の力が弱くなって止まり木から落ちることが多くなるなど、体が不自由になったら、暮らしやすいよう工夫を加えましょう。

止まり木にとまれなくなったら

止まり木にとまれず、ケージの底にいることが多くなったら、止まり木がケージの底にぴったりくっつくように設置します。文鳥は止まり木の上に乗るようにして使います。底網に脚が引っかからないように、網の上に巻きすなどを敷くとよいでしょう。

脚の力が落ちてきたら

脚の力が弱くなって時々止まり木から落ちるようなときは、上段・下段にあった止まり木を下段だけにします。2本並べてつけるととまりやすいです。エサ入れや水入れは止まり木の近くに移動します。

上の写真のようなケージだと、ケージ側面の網が底まで届いていないため、左の方法が使えません。その場合はプラスチックケースなどで底上げするか、竹籠など柵が底まで届いているケージに替えます。

Column

文鳥が亡くなったら

文鳥の寿命は人よりはるかに短く、あなたより早く天国へ旅立ってしまいます。小さな体で大きな喜びをくれたことに感謝し、ていねいに弔ってあげましょう。遺体は自宅の庭やプランターに埋葬する方法と、ペット霊園などで火葬をしてもらう方法があります。愛する文鳥が亡くなるその日まで、精一杯かわいがってあげましょう。

(左)庭やプランターへ埋葬したら、きれいな花などを植えてあげましょう。(右)骨壺のそばに写真や花を飾っています。

監修

伊藤美代子（いとう　みよこ）

日本飼鳥会会員。東京ピイチク会会員。愛玩動物飼養管理士一級。40年間文鳥とともに暮らす、自他ともに認める文鳥好き。著書に『小動物ビギナーズガイド　文鳥』『漫画で楽しむ　だからやめられない文鳥生活』『文鳥さんのぱらぱら漫画』（いずれも誠文堂新光社）など多数。

医学監修（134~135、138~149ページ）

松岡　滋（まつおか　しげる）

あず小鳥の診療所院長。日本大学生物資源科学部獣医学科卒。鳥類臨床研究会所属。犬猫と同じように、鳥や小動物も手厚い治療を受けられるべきと考え、専門の動物病院を開業。文鳥の診察を多く経験している。監修書に『インコとの暮らし方がわかる本』（日東書院本社）。

Staff

カバー&本文デザイン	Beeworks（室田潤、田木俊平）
DTP	ZEST
撮影	宮本亜沙奈
イラスト	タカヒロコ
編集・執筆協力	富田園子
Special Thanks	こんぱまる池袋店 Birdstory 文鳥飼い主の皆さん
撮影物協力	HOEI、コバヤシ、スドー、三晃商会、川井、旭光電機工業、ポタフルール

幸せな文鳥の育て方

2015年 9 月16日　初版発行
2023年 8 月10日　11版発行

監修者	伊藤美代子
発行者	鈴木伸也
発行所	株式会社大泉書店 〒105-0001　東京都港区虎ノ門4-1-40 江戸見坂森ビル4F 電話　03-5577-4290（代表） FAX　03-5577-4296 振替　00140-7-1742 URL　http://www.oizumishoten.co.jp/
印刷・製本	図書印刷株式会社

©2015 Oizumishoten printed in Japan

落丁・乱丁本は小社にてお取替えします。
本書の内容に関するご質問はハガキまたはFAXでお願いいたします。
本書を無断で複写（コピー、スキャン、デジタル化等）することは、
著作権法上認められている場合を除き、禁じられています。
複写される場合は、必ず小社宛にご連絡ください。

ISBN978-4-278-03913-9　C0076